对接世界技能大赛技术标准创新系列教材
技工院校一体化课程教学改革焊接加工专业教材

常压容器焊接

人力资源社会保障部教材办公室　组织编写

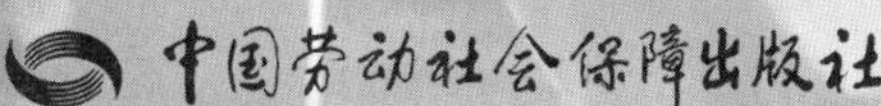

内容简介

本套教材为对接世赛标准深化一体化专业课程改革焊接加工专业教材，对接世赛焊接项目，学习目标融入世赛要求，学习内容对接世赛技能标准，考核评价方法参照世赛评分方案。

本书主要内容包括料箱焊接、水箱焊接。

图书在版编目（CIP）数据

常压容器焊接 / 人力资源社会保障部教材办公室组织编写 .-- 北京：中国劳动社会保障出版社，2021
对接世界技能大赛技术标准创新系列教材　技工院校一体化课程教学改革焊接加工专业教材
ISBN 978-7-5167-4917-3

Ⅰ.①常…　Ⅱ.①人…　Ⅲ.①压力容器－焊接－技工学校－教材　Ⅳ.①TG457.5

中国版本图书馆 CIP 数据核字（2021）第 191950 号

中国劳动社会保障出版社出版发行
（北京市惠新东街 1 号　邮政编码：100029）
*
北京市白帆印务有限公司印刷装订　　新华书店经销

880 毫米 ×1230 毫米　16 开本　10.5 印张　245 千字
2021 年 11 月第 1 版　　2025 年 2 月第 3 次印刷
定价：28.00 元

营销中心电话：400-606-6496
出版社网址：http://www.class.com.cn
http://jg.class.com.cn

对接世界技能大赛技术标准创新系列教材

编审委员会

主　　任：刘　康

副 主 任：张　斌　王晓君　刘新昌　冯　政

委　　员：王　飞　翟　涛　杨　奕　张　伟　赵庆鹏
　　　　　姜华平　杜庚星　王鸿飞

焊接加工专业课程改革工作小组

课 改 校：宁波技师学院　攀枝花技师学院　承德技师学院
　　　　　黑龙江技师学院　徐州工程机械技师学院
　　　　　山东工程技师学院　广西工业技师学院　首钢技师学院

技术指导：刘景凤

编　　辑：吴　岚　盛秀芳

本书编审人员

主　　编：姜　波　曲英良

参　　编：曹慧斌　吴　广　王洪鑫　李淑芹　裘红军　孙　浩

主　　审：勾　容

序

世界技能大赛由世界技能组织每两年举办一届，是迄今全球地位最高、规模最大、影响力最广的职业技能竞赛，被誉为“世界技能奥林匹克”。我国于2010年加入世界技能组织，先后参加了五届世界技能大赛，累计取得36金、29银、20铜和58个优胜奖的优异成绩。第46届世界技能大赛将在我国上海举办。2019年9月，习近平总书记对我国选手在第45届世界技能大赛上取得佳绩作出重要指示，并强调，劳动者素质对一个国家、一个民族发展至关重要。技术工人队伍是支撑中国制造、中国创造的重要基础，对推动经济高质量发展具有重要作用。要健全技能人才培养、使用、评价、激励制度，大力发展技工教育，大规模开展职业技能培训，加快培养大批高素质劳动者和技术技能人才。要在全社会弘扬精益求精的工匠精神，激励广大青年走技能成才、技能报国之路。

为充分借鉴世界技能大赛先进理念、技术标准和评价体系，突出“高、精、尖、缺”导向，促进技工教育与世界先进标准接轨，完善我国技能人才培养模式，全面提升技能人才培养质量，人力资源社会保障部于2019年4月启动了世界技能大赛成果转化工作。根据成果转化工作方案，成立了由世界技能大赛中国集训基地、一体化课改学校，以及竞赛项目中国技术指导专家、企业专家、出版集团资深编辑组成的对接世界技能大赛技术标准深化专业课程改革工作小组，按照创新开发新专业、升级改造传统专业、深化一体化专业课程改革三种对接转化原则，以专业培养目标对接职业描述、专业课程对接世界技能标准、课程考核与评价对接评分方案等多种操作模式和路径，同时融入健康与安全、绿色与环保及可持续发展理念，开发与世界技能大赛项目对接的专业人才培养方案、教材及配套教学资源。首批对接 19 个世界技能大赛项目共 12 个专业的成果将于 2020—2021 年陆续出版，主要用于技工院校日常专业教学工作中，充分发挥世界技能大赛成果转化对技工院校技能人才的引领示范作用。在总结经验及调研的基础上选择新的对接项目，陆续启动第二批等世界技能大赛成果转化工作。

希望全国技工院校将对接世界技能大赛技术标准创新系列教材，作为深化专业课程建设、创新人才培养模式、提高人才培养质量的重要抓手，进一步推动教学改革，坚持高端引领，促进内涵发展，提升办学质量，为加快培养高水平的技能人才作出新的更大贡献！

2020年11月

目　　录

学习任务一　料箱焊接…………（1）

学习活动 1　明确工作任务…………（3）

学习活动 2　技能准备…………（15）

学习活动 3　制订计划…………（55）

学习活动 4　任务实施…………（61）

学习活动 5　质量检验与返修…………（70）

学习活动 6　总结与评价…………（78）

学习任务二　水箱焊接…………（82）

学习活动 1　明确工作任务…………（83）

学习活动 2　技能准备…………（95）

学习活动 3　制订计划…………（132）

学习活动 4　任务实施…………（140）

学习活动 5　质量检验与返修…………（147）

学习活动 6　总结与评价…………（157）

学习任务一　料 箱 焊 接

学习目标

完成本学习任务后，学生应能胜任料箱焊接工作，并严格执行企业安全生产制度、环保管理制度和“6S”管理规定，具备安全意识、质量意识、职业健康与环境保护意识，养成爱岗敬业、自主学习、沟通协调、团队合作等职业素养，包括：

1. 能根据焊接作业环境需要，选择、穿戴并维护个人防护装备。
2. 能熟练掌握 CO_2 气体保护焊的操作方法。
3. 能使用电动工具对焊件表面进行清理并进行装配、定位焊操作。
4. 能按要求进行焊接接头的清理、自检、表面缺陷返修；能依据返修通知单及返修工艺文件进行焊接缺陷定位、清理及返修；能填写自检记录表。
5. 能灵活运用断弧法和连弧法进行对接焊缝焊接操作。
6. 能根据焊接工艺卡，选择焊接材料、焊接参数，分析其对焊接接头的影响。
7. 能通过技术交底和有效沟通明确料箱的焊接顺序、质量控制关键点、特殊要求、质量检验方法等，确定相应的预防和控制措施。
8. 能根据焊接工艺文件进行料箱装配，确认装配质量符合要求。
9. 能积极主动展示及汇报工作成果，对学习工作过程中出现的问题进行反思和总结，优化方案和策略，具备知识迁移能力。

建议学时

60 学时

工作情景描述

某焊接加工公司接到料箱焊接任务，材料牌号为 Q235，有板对接立焊、角焊等焊缝，要求焊工班组采用 CO_2 气体保护焊进行焊接，工时为 16 h。

工作流程与活动

学习活动 1	明确工作任务	4 学时
学习活动 2	技能准备	34 学时
学习活动 3	制订计划	4 学时
学习活动 4	任务实施	12 学时
学习活动 5	质量检验与返修	4 学时
学习活动 6	总结与评价	2 学时

学习活动 1　明确工作任务

学习活动描述

明确工作任务是完成料箱焊接工作的第一步。通过识读工艺文件明确料箱的材料、规格、焊接方法和技术要求，并对压力容器的技术参数、存储介质等知识有总体的认知。

总学时：4 学时

子活动与建议学时

子活动 1　料箱工艺文件识读　　1 学时

子活动 2　容器认知　　2 学时

子活动 3　学习活动评价　　1 学时

学习准备

资料与材料：工作页、技术标准、技术文件、专业书籍、板材等。

设备与工具：多媒体投影设备等。

子活动 1　料箱工艺文件识读

料箱焊接工艺文件包括生产派工单、图样、焊接工艺规程（焊接工艺卡）等，有任务要求、生产设备、焊接方法和焊接参数、施工人员资质等内容。

学习过程

一、料箱焊接工艺文件

1．料箱图样（见图 1–1–1）

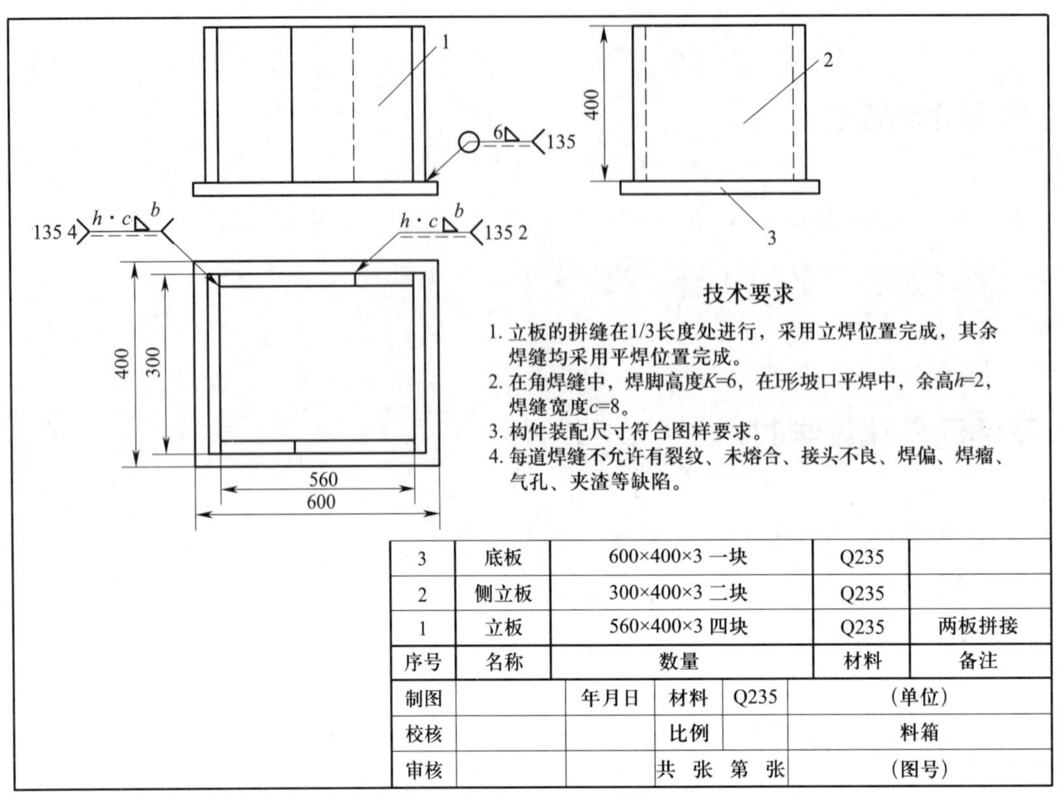

3	底板	600×400×3 一块	Q235	
2	侧立板	300×400×3 二块	Q235	
1	立板	560×400×3 四块	Q235	两板拼接
序号	名称	数量	材料	备注

制图		年月日	材料	Q235	（单位）
校核			比例		料箱
审核			共 张 第 张		（图号）

图 1–1–1 料箱图样

2．料箱焊接生产派工单（见表 1–1–1）

仔细阅读下面的生产派工单，按照生产派工单提供的基本信息，查阅相关资料，明确工作任务的内容和要求，并随着学习活动的展开，逐项填写生产派工单中的空白项目内容，完成学习任务。

表 1–1–1 生产派工单

开单部门：____________________ 开单人：__________

开单时间：______年__月__日__时 接单人：_______小组_______（签名）

任务名称	料箱焊接	完成工时	16 h
技术要求	1. 立板的拼缝在 1/3 长度处进行，采用立焊位置完成，其余焊缝均采用平焊位置完成。 2. 零部件应进行表面质量及尺寸检验，符合图样要求，在坡口及坡口边缘内、外侧各 20 mm 范围内，将油污、锈蚀、氧化皮清除干净，直至呈现金属光泽。 3. 在角焊缝中焊脚高度 K=6 mm，在 I 形坡口对接平焊中钝边 b=0，焊缝余高 h=2 mm，焊缝宽度 c=8 mm。 4. 组件装配尺寸符合图样要求。 5. 焊接工艺符合相关焊接国家标准，每道焊缝不允许有裂纹、未熔合、接头不良、焊偏、焊瘤、气孔、夹渣等任何缺陷，无缺陷为合格，有缺陷为不合格。		

续表

<table>
<tr><td>任务名称</td><td colspan="2">料箱焊接</td><td>完成工时</td><td>16 h</td></tr>
<tr><td>领取材料</td><td colspan="2">Q235 钢板（板厚 =3 mm）若干，纯度≥ 99.5% 的 CO_2 气体 1 瓶，ER50-6、ϕ 1.0 mm 焊丝若干</td><td rowspan="2">成本核算</td><td rowspan="2">金额合计：
仓管员（签名）
年　月　日</td></tr>
<tr><td>领用设备与工具</td><td colspan="2">角向磨光机、活扳手、台虎钳、划针、测量工具（焊缝检验尺、钢直尺、90° 角尺、钢卷尺、放大镜、测温仪）、安全防护用品（焊接防护具、焊接防护服等）、工艺装备和夹具等</td></tr>
<tr><td>操作者检测</td><td colspan="2"></td><td colspan="2">（签名）
年　月　日</td></tr>
<tr><td>班组检测</td><td colspan="2"></td><td colspan="2">（签名）
年　月　日</td></tr>
</table>

3．焊接工艺卡（见表 1-1-2 ~ 表 1-1-4）

表 1-1-2　　　　　　　　　　　　焊接工艺卡（1）

<table>
<tr><td>工程名称</td><td colspan="4">料箱焊接</td><td colspan="2">工艺卡编号</td><td colspan="3">01</td></tr>
<tr><td>材质</td><td colspan="2">Q235</td><td>规格</td><td>3 mm</td><td colspan="2">焊接方法</td><td>CO_2 气体保护焊</td><td>焊接位置</td><td>1F</td></tr>
<tr><td>成形工艺</td><td colspan="3">单面焊</td><td>无损检测</td><td>RT</td><td colspan="2">外观检验</td><td>合格等级</td><td>Ⅱ级焊缝</td></tr>
<tr><td rowspan="2">焊接参数</td><td>层数</td><td colspan="2">焊接方法</td><td>焊材及规格</td><td>电源极性</td><td>焊接电流 /A</td><td>焊接电压 /V</td><td>焊丝干伸长 /mm</td><td>CO_2 气体流量 /（$L \cdot min^{-1}$）</td></tr>
<tr><td>1</td><td colspan="2">CO_2 气体保护焊</td><td>ER50-6、ϕ 1.0 mm</td><td>直流反接</td><td>110 ~ 130</td><td>18 ~ 20</td><td>10 ~ 15</td><td>15 ~ 20</td></tr>
<tr><td>坡口尺寸及熔敷图</td><td colspan="5">3
1
3</td><td>技术要求</td><td colspan="3">1．在坡口及坡口边缘各 20 mm 范围内，将油污、锈蚀、氧化皮清除干净，直至呈现金属光泽。
2．焊脚尺寸 K=6 mm。
3．注意根部焊透。
4．焊缝外观不允许有裂纹、未熔合、接头不良、焊偏、焊瘤、气孔、夹渣等缺陷。
5．尺寸符合图样要求。</td></tr>
</table>

表 1-1-3 焊接工艺卡（2）

<table>
<tr><td>工程名称</td><td colspan="3">料箱</td><td colspan="2">工艺卡编号</td><td colspan="3">02</td></tr>
<tr><td>材质</td><td>Q235</td><td>规格</td><td>3 mm</td><td colspan="2">焊接方法</td><td>CO_2 气体保护焊</td><td>焊接位置</td><td>1G</td></tr>
<tr><td>成形工艺</td><td colspan="2">单面焊</td><td>无损检测</td><td>RT</td><td colspan="2">外观检验</td><td>合格等级</td><td>Ⅱ级焊缝</td></tr>
<tr><td rowspan="2">焊接参数</td><td>层数</td><td>焊接方法</td><td>焊材及规格</td><td>电源极性</td><td>焊接电流 /A</td><td>焊接电压 /V</td><td>焊丝干伸长 /mm</td><td>CO_2 气体流量 /（$L \cdot min^{-1}$）</td></tr>
<tr><td>1</td><td>CO_2 气体保护焊</td><td>ER50-6、ϕ 1.0 mm</td><td>直流反接</td><td>100 ~ 120</td><td>18 ~ 20</td><td>5 ~ 10</td><td>15 ~ 20</td></tr>
<tr><td>坡口尺寸及熔敷图</td><td colspan="4">0</td><td>技术要求</td><td colspan="3">1. 在坡口及坡口边缘各 20 mm 范围内，将油污、锈垢、氧化皮清除，直至呈现金属光泽。
2. 焊缝余高为 1 ~ 3 mm。
3. 注意根部焊透。
4. 焊缝外观不允许有裂纹、未熔合、接头不良、焊偏、焊瘤、气孔、夹渣等缺陷。
5. 尺寸符合图样要求。</td></tr>
</table>

表 1-1-4 焊接工艺卡（3）

<table>
<tr><td>工程名称</td><td colspan="3">料箱</td><td colspan="2">工艺卡编号</td><td colspan="3">03</td></tr>
<tr><td>材质</td><td>Q235</td><td>规格</td><td>3 mm</td><td colspan="2">焊接方法</td><td>CO_2 气体保护焊</td><td>焊接位置</td><td>3G</td></tr>
<tr><td>成形工艺</td><td colspan="2">单面焊</td><td>无损检测</td><td>RT</td><td colspan="2">外观检验</td><td>合格等级</td><td>Ⅱ级焊缝</td></tr>
<tr><td rowspan="2">焊接参数</td><td>层数</td><td>焊接方法</td><td>焊材及规格</td><td>电源极性</td><td>焊接电流 /A</td><td>焊接电压 /V</td><td>焊丝干伸长 /mm</td><td>CO_2 气体流量 /（$L \cdot min^{-1}$）</td></tr>
<tr><td>1</td><td>CO_2 气体保护焊</td><td>ER50-6、ϕ 1.0 mm</td><td>直流反接</td><td>90 ~ 100</td><td>18 ~ 20</td><td>10 ~ 5</td><td>15 ~ 20</td></tr>
<tr><td>坡口尺寸及熔敷图</td><td colspan="4">0</td><td>技术要求</td><td colspan="3">1. 在坡口及坡口边缘各 20 mm 范围内，将油污、锈垢、氧化皮清除，直至呈现金属光泽。
2. 焊缝余高为 1 ~ 3 mm。
3. 注意根部焊透。
4. 外观不允许有裂纹、未熔合、接头不良、焊偏、焊瘤、气孔、夹渣等缺陷。
5. 尺寸符合图样要求。</td></tr>
</table>

二、明确工作内容

1．仔细阅读生产派工单中技术要求，结合工作情境描述，叙述本任务的工作内容及要求。

2．识读焊接工艺卡完成以下问题：

（1）料箱母材为____________钢，焊接方法采用____________。

（2）焊缝标注示例：

○ 6◺ ＜135　　　h·c▯ b ＜135 2

135 表示焊接方法为____________，◺表示焊缝为____________焊缝，○表示____________，6 表示__________。

h 表示____________，*c* 表示____________，*b* 表示____________，2 表示____________。

3．阅读图样，写出零件名称并标注出尺寸，完成表 1–1–5，填写出料箱零件名称。

表 1–1–5　　料箱组件

组件名称	尺寸	数量	材质	备注

4．写出焊接工艺规程的定义。

5．焊接工艺规程的作用是什么？

通过查询资料完成表 1-1-6 工艺规程常见文件填写。

表 1-1-6　　工艺规程常见文件形式

文件形式	特　点	选用范围
	以工序为单位，简要说明产品或零部件的加工或装配过程	
工艺守则	按某一专业工种而编制的基本操作规程，具有通用性	

子活动 2　容 器 认 知

容器主要包括常压容器和压力容器，本任务学习常压容器的相关知识。

学习过程

一、钢制焊接常压容器的定义

1．圆筒形容器：设计压力大于 0.02 MPa，小于 0.1 MPa，设计温度范围按钢材允许的使用温度确定。

2．矩形容器：设计压力为零，设计温度范围按钢材允许的使用温度确定。

注：参照标准 NB/T 47003 .1—2009。

二、分类

1．按设计压力分

压力容器按设计压力不同分为低压、中压、高压和超高压四个压力等级，查资料完善表 1-1-7。

表 1-1-7　　按设计压力不同压力容器的分类

类别	设计压力	实物图	用途
低压容器 （代号 L）			存储带压力的气体或带外部压力的液体的容器，如乙炔气瓶

续表

类别	设计压力	实物图	用途
中压容器（代号 M）			在化工生产上应用极广，如合成氨生产中使用的水洗塔、液氨贮罐等
高压容器（代号 H）			大型的储气、储油罐等
超高压容器（代号 U）			适用于模拟深海环境的高温高压反应釜，模拟地层环境的蓄能器、高压储罐、高压液态气体封装等

2．压力容器其他分类方法

（1）按容器的壁厚分为__________（壁厚不大于容器内径的 1/10）和__________。

（2）按壳体承受压力的方式分为__________（壳体内部受压）和__________。

（3）按容器的工作壁温分为________、________、__________。

（4）按容器的放置方式分为__________和__________。

（5）根据综合因素分

1）Ⅰ类容器：一般指低压容器（Ⅱ、Ⅲ类容器规定除外）。

2）Ⅱ类容器：属于下列情况之一者。

①中压容器（Ⅲ类容器规定除外）。

②易燃介质或毒性程度为中度危害介质的低压反应容器和存储容器。

③毒性程度为极高和高度危害介质的低压容器。

④低压管壳式余热锅炉。

⑤搪瓷玻璃压力容器。

3）Ⅲ类容器：属于下列情况之一者。

①毒性程度为极度和高度危害介质的中压容器和 $PV \geq 0.2\ \text{MPa}\cdot\text{m}^3$ 的低压容器。

②易燃或毒性程度为中度危害介质，且$PV \geqslant 0.5$ MPa·m^{3}的中压反应容器或$PV \geqslant 10$ MPa·m^{3}的中压存储容器。

③高压、中压管壳式余热锅炉。

④高压容器。

三、钢制压力容器常用金属材料

1．碳钢

碳钢是指在____________，且含碳量____________的铁碳合金。

（1）按钢的含碳量分类

（2）按钢的质量分类

（3）按钢的用途分类

（4）按冶炼时脱氧程度分类

2．普通碳素结构钢的牌号

（1）屈服强度符号：

（2）屈服强度数值：

（3）质量等级符号：

（4）脱氧方法符号：

牌号示例（见图 1–1–2）：

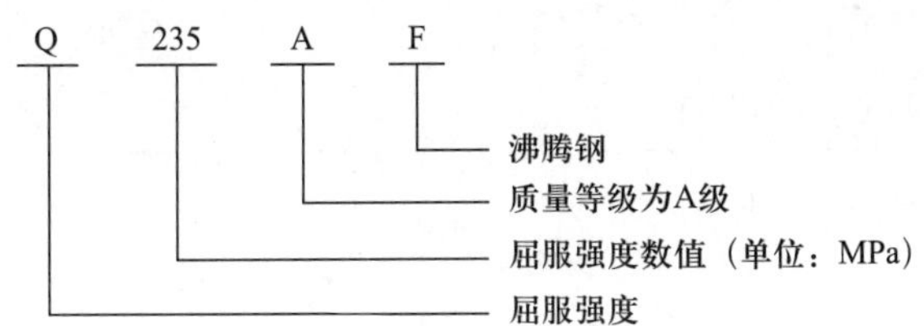

图 1–1–2　普通碳素结构钢的牌号

3．合金钢

在____________的基础上，为了改善钢的____________，在冶炼时有目的地加入一种或数种合金元素的钢称为合金钢。

（1）性能

具有较高的____________、较高的淬透性和回火稳定性等，有的还具有耐热、耐酸、耐腐蚀等特殊性能。

（2）分类

1）按用途分类

2）按合金元素总含量分类

4．通过查询资料完成表 1–1–8。

表 1–1–8　钢材的焊接工艺性与用途

类别	牌号	焊接性	用途
普通碳素结构钢	Q235		
优质碳素结构钢	20		
低合金高强度结构钢	Q355		
不锈钢	12Cr18Ni9		

四、压力容器的结构（见图 1-1-3）

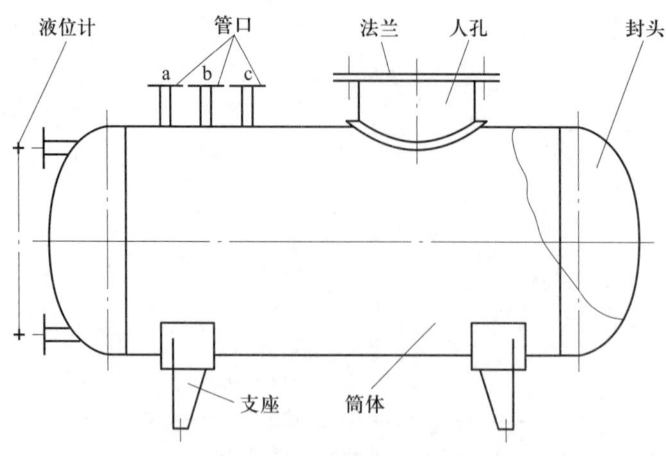

图 1-1-3 压力容器的结构

1．封头

封头是压力容器上的端盖，是主要承压部件，起密封作用。查阅资料，完成表 1-1-9。

表 1-1-9 封头类型、特点及应用

序号	封头类型	特点及应用
1		
2		
3		
4		
5		
6		

2．筒体

筒体是压力容器的主要组成部分，常用________和________两种，如图 1-1-4、图 1-1-5 所示。

图 1-1-4 筒状筒体

图 1-1-5 球状筒体

3．法兰（见图 1–1–6）

法兰是用于筒体与封头、筒体与筒体、封头与管板之间连接的零件，其作用是使不同的受压元件组合在一起，同时保证连接部位不产生泄漏。

a)　　b)

图 1–1–6　法兰

a）平面法兰　b）凹凸法兰

4．接管

接管一般设置在封头或筒体上，用于介质的进出、安全附件的安装。常用接管有螺纹短管、法兰短管和平面法兰接管，如图 1–1–7、图 1–1–8 所示。

图 1–1–7　卧式容器接管

图 1–1–8　立式容器接管

5．人孔和手孔

人孔是指用于人员进出设备进行安装、检修和安全检查的开孔结构，如图 1–1–9 所示。手孔是指用于人的手臂或工具伸入设备进行安装、检修或检查的开孔结构，如图 1–1–10 所示。

图 1–1–9　人孔

图 1–1–10　手孔

6．支座

支座是用于支承容器的质量并将其固定在基础上的附件。主要有________支座、________支座和________支座三种。

子活动 3　学习活动评价

根据学习过程，完成本学习活动评价。

学习活动评价表

学习活动名称：明确工作任务　小组名称：________　组员姓名：________

<table>
<tr><th colspan="2" rowspan="3">评价项目</th><th rowspan="3">评价内容</th><th colspan="3">评价方式</th><th rowspan="3">权重</th><th rowspan="3">得分小计</th><th rowspan="3">总分</th></tr>
<tr><th>自我评价</th><th>小组评价</th><th>教师评价</th></tr>
<tr><th>10%</th><th>40%</th><th>50%</th></tr>
<tr><td rowspan="5">关键能力</td><td rowspan="4">社会能力</td><td>安全文明操作</td><td></td><td></td><td></td><td>10%</td><td rowspan="4"></td><td rowspan="6"></td></tr>
<tr><td>团队协作能力</td><td></td><td></td><td></td><td>10%</td></tr>
<tr><td>沟通表达能力</td><td></td><td></td><td></td><td>10%</td></tr>
<tr><td>问题解决能力</td><td></td><td></td><td></td><td>20%</td></tr>
<tr><td>方法能力</td><td>学习能力</td><td></td><td></td><td></td><td>10%</td><td></td></tr>
<tr><td colspan="2">专业能力</td><td>读图能力</td><td></td><td></td><td></td><td>40%</td><td></td></tr>
<tr><td colspan="2">指导教师综合评价</td><td colspan="7">得分总计：

指导教师签名：　　　　日期：</td></tr>
</table>

学习活动 2　技 能 准 备

学习目标

1. 能严格遵守 CO_2 气体保护焊的安全操作规程进行操作。
2. 能分析焊接加工工艺，并正确填写焊接加工工艺卡。
3. 能通过网络或书籍查阅资料，制订工作计划，确定焊接操作步骤。
4. 能根据生产加工技术要求正确选择焊接参数。
5. 能熟练掌握 CO_2 气体保护焊的操作方法。
6. 能灵活运用断弧法和连弧法进行对接焊缝操作。
7. 能使用电动工具针对焊件表面进行清理并进行装配定位焊接操作。
8. 能使用检测工具对定位焊缝质量进行检测，并做好焊前修整。
9. 在组对与定位焊过程中能严格执行焊接行业相关的健康、安全、防护和卫生标准、法规及 6S 管理规定。

学习活动描述

根据工作任务，明确产品工作要求，掌握 CO_2 气体保护焊相关位置的焊接操作，以理论结合实际生产任务，做好技能准备是完成学习任务的必要条件。本活动主要完成薄板 CO_2 气体保护焊 I 形坡口平对接、立对接和 T 形接头平对接、立对接相关的技能准备工作，掌握相关位置的焊接操作。

总学时：34 学时

子活动与建议学时

子活动 1	低碳钢 CO_2 气体保护焊 I 形坡口平对接	6 学时
子活动 2	低碳钢 CO_2 气体保护焊 I 形坡口立对接	6 学时
子活动 3	低碳钢 CO_2 气体保护焊 T 形接头平对接	6 学时
子活动 4	低碳钢 CO_2 气体保护焊 T 形接头立对接	12 学时
子活动 5	学习活动评价	4 学时

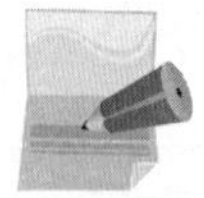

学习准备

资料与材料：工作页、技术标准、技术文件、专业书籍、板材、ER50–6 焊丝、CO_2 气体（纯度 ≥ 99.5%）等。

设备与工具：CO_2 气体保护焊设备、焊接辅助工具、夹具、通风除尘设备等。

子活动 1　低碳钢 CO_2 气体保护焊 I 形坡口平对接

CO_2 气体保护焊适用范围广、效率高，在薄板的生产加工中最为常用，CO_2 气体保护焊 I 形坡口平对接位置是最常用的焊接位置。

学习过程

活动简介：根据课程所要完成的任务进行模拟位置练习。薄板的焊接大多采用 CO_2 气体保护焊完成，现有两块相同尺寸的板材需要焊接，材料为 Q235，尺寸如图 1–2–1 所示。焊接位置为 I 形坡口平对接，为确保焊接质量和外形美观，以及焊接生产效率，采用 CO_2 气体保护焊的方法。

一、焊件图与焊接工艺卡

1. 焊件图（见图 1–2–1）

从图中可以看出，板材的材料为__________，尺寸为________。135 表示的焊接方法是__________。根部间隙为__________，焊缝余高为________ mm，焊缝宽度为________ mm。

2. 焊接接头的基本形式

根据图 1–2–2 分别写出对应的接头类型。

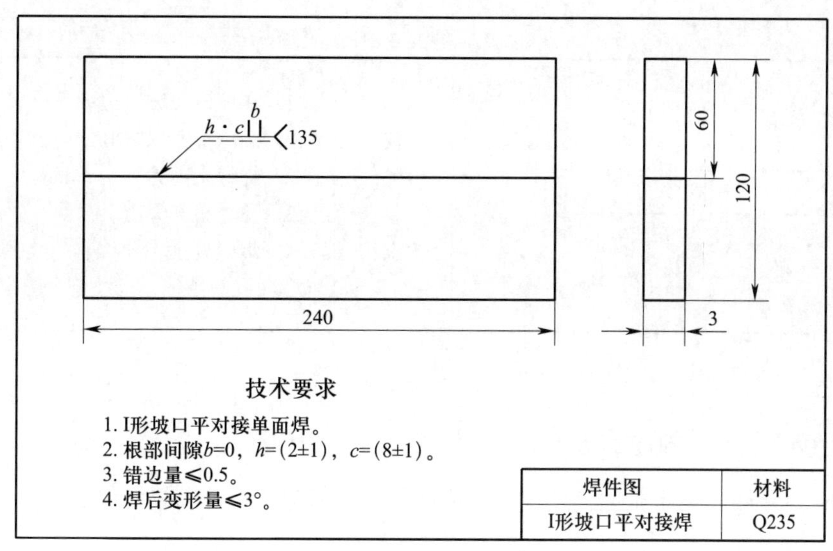

图 1-2-1　焊件及尺寸

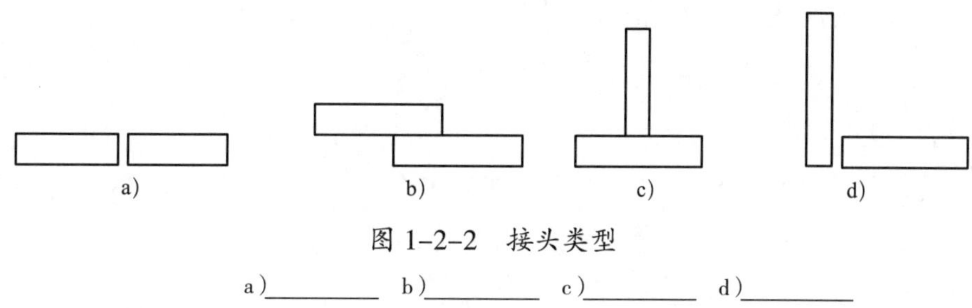

图 1-2-2　接头类型

a）＿＿＿＿＿　b）＿＿＿＿＿　c）＿＿＿＿＿　d）＿＿＿＿＿

3．查阅焊工工艺相关资料，了解并写出焊接接头的类型、特点及应用。

4．焊接工艺卡（见表 1-2-1）

表 1-2-1　I 形坡口平对接焊接工艺卡

<table>
<tr><td>工程名称</td><td colspan="3">I 形坡口平对接</td><td>工艺卡编号</td><td colspan="4">01</td></tr>
<tr><td>材质</td><td>Q235</td><td>规格</td><td>240 mm × 60 mm × 3 mm，2 块</td><td>焊接方法</td><td colspan="2">CO_2 气体保护焊（135）</td><td>焊工资格</td><td>初级焊工</td></tr>
<tr><td>焊评编号</td><td colspan="2">无</td><td>无损检测</td><td colspan="3">无</td><td>合格等级</td><td>Ⅱ级</td></tr>
<tr><td>适用范围</td><td colspan="8">板对接平焊</td></tr>
<tr><td>焊接层次</td><td>焊接电流 /A</td><td>焊接电压 /V</td><td>CO_2 气体流量 /（L · min^{-1}）</td><td>焊接材料</td><td>焊丝直径 /mm</td><td>焊丝干伸长 /mm</td><td>喷嘴与焊件距离 /mm</td><td>电源极性</td></tr>
<tr><td>定位焊</td><td>90 ~ 110</td><td rowspan="2">18 ~ 20</td><td rowspan="2">8 ~ 10</td><td rowspan="2">ER50-6</td><td rowspan="2">ϕ1.0</td><td rowspan="2">10 ~ 15</td><td rowspan="2">≤ 15</td><td rowspan="2">直流反接</td></tr>
<tr><td>正式焊</td><td>80 ~ 100</td></tr>
</table>

续表

坡口尺寸及熔敷图	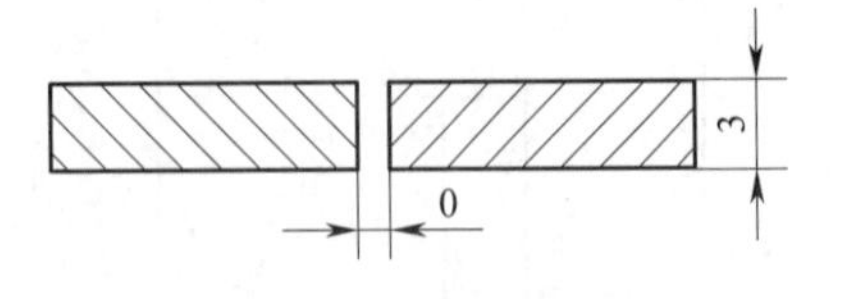	技术要求	1．在坡口及坡口边缘正反 20 mm 范围内，将油污、锈垢、氧化皮清除，直至呈现金属光泽。 2．焊缝余高为 1 ~ 3 mm。 3．注意根部焊透。 4．焊缝外观不允许有裂纹、未熔合、焊偏、焊瘤、气孔等缺陷，尺寸符合图样要求。

二、焊前准备

1．奥太 NBC-500 型焊机（见图 1-2-3）设备的安装

本焊机体积小，重量轻，易于搬运，可随焊工流动作业，如自备小车则移动更加方便。焊机的放置只要保证地面平坦即可。其安装操作程序如下：

（1）将焊接电缆连接焊机的输出端子（-）与被焊工件。

（2）将送丝机焊接电缆连接焊机的输出端子（+）。

（3）将送丝机控制电缆连接焊机的控制插座。

（4）将气管连接 CO_2 气体调节器。

（5）将气体调节器的加热电缆接至焊机后面板加热电源输出插座。

（6）将输入三相电缆接在配电板上，接地线要可靠接地。

（7）合上焊机后面板上的自动空气开关。

2．焊机前面板

（1）以奥太 NBC-500 前面板为例，如图 1-2-4 所示。阅读焊机说明书，写出图中的各指引序号名称。

图 1-2-3　奥太 NBC-500 型焊机外观图

图 1-2-4　奥太 NBC-500 型焊机前面板

1______________________________

2______________________________

3____

4____

5____

（2）焊机的控制面板用于焊机的功能选择和部分参数设定。控制面板包括功能选择区、参数设定区、存储显示区三个部分，写出图 1-2-5 中各数字的名称及含义。

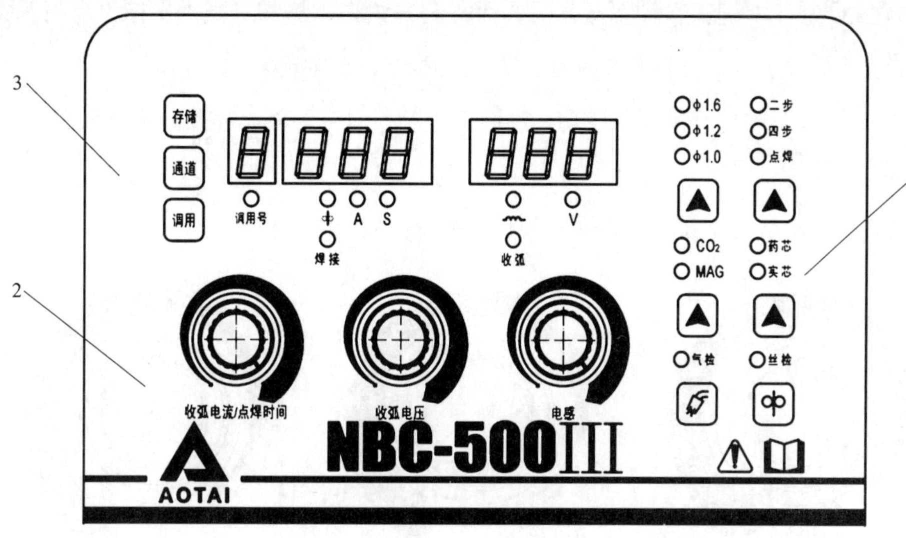

图 1-2-5　焊机控制面板

1____

2____

3____

（3）写出图 1-2-6 中各数字的名称及含义。

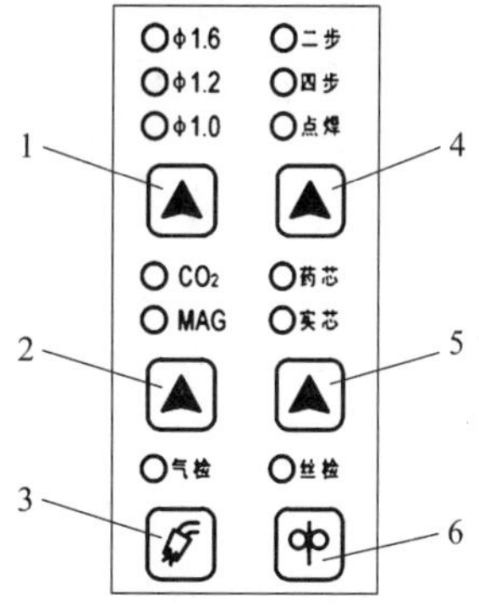

图 1-2-6　控制面板功能选择区

1____

2____

3____

4____

5____

6____

（4）选择二步、四步、点焊工作方式。

1）二步工作方式：按下焊枪开关可正常焊接，松开开关即停止焊接。适合于短焊缝焊接。

2）四步工作方式：按下焊枪开关引弧成功后，可松开开关正常施焊。当再次按下焊枪开关后，则转入前面板旋钮设定的收弧焊接规范，松开开关时停止焊接。适合于长焊缝焊接。

3）点焊工作方式：按下焊枪开关引弧成功，到近点焊时间后自动停止焊接。如果在点焊期间松开开关，则马上停止焊接。

（5）参数设定区如图 1-2-7 所示，写出两旋钮的功能。

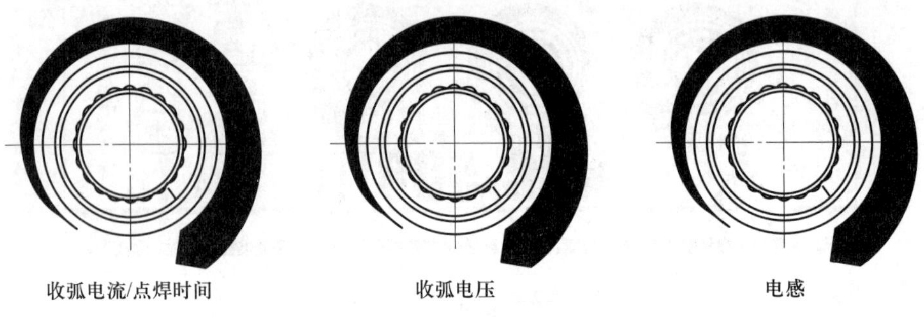

图 1-2-7　控制面板参数设定区

1）收弧电流 / 点焊时间旋钮：

2）收弧电压旋钮：

小贴士

电感旋钮

该旋钮可改变焊接稳定性、熔深和飞溅量。电感调小，稳定性好，熔深变浅，飞溅量变大；电感调大，稳定性变差，熔深变深，飞溅量变小。

3．焊接设备如图 1-2-8 所示。完善材料、工具、安全防护用品和检测工具清单。

图 1-2-8　CO_2 气体保护焊设备

（1）熟悉 CO_2 气体保护焊机型号含义，填表 1-2-2。

表 1-2-2　　NBC-500 型焊机型号的含义

<table>
<tr><th colspan="2">第 1 位字母</th><th colspan="2">第 2 位字母</th><th colspan="2">第 3 位字母</th><th rowspan="2">数字（500 的含义）</th></tr>
<tr><th>字母</th><th>含义</th><th>字母</th><th>含义</th><th>字母</th><th>含义</th></tr>
<tr><td rowspan="6">N</td><td rowspan="6"></td><td>B</td><td></td><td rowspan="2">C</td><td rowspan="2"></td><td rowspan="6"></td></tr>
<tr><td>Z</td><td></td></tr>
<tr><td>C</td><td>螺柱焊</td><td rowspan="2">省略</td><td rowspan="2">氩气或混合气保护焊</td></tr>
<tr><td>D</td><td>点焊</td></tr>
<tr><td>U</td><td>堆焊</td><td rowspan="2">M</td><td rowspan="2">氩气或混合气保护脉冲焊</td></tr>
<tr><td>G</td><td>切割</td></tr>
</table>

（2）熟悉劳动安全防护用品和工具，填表 1-2-3。

表 1-2-3　　焊前准备清单

劳动安全防护用品			
劳动安全防护用品名称		自动变光电焊面罩	
劳动安全防护用品			
劳动安全防护用品名称			

续表

辅助工具			
辅助工具名称			
辅助工具			
辅助工具名称	敲渣锤		扳手
设备的部件			
部件名称	NBC-500 型焊机面板		CO_2 气体保护焊鹅颈式焊枪

（3）阅读焊机说明书，了解送丝机种类。根据送丝机控制器的不同，分为标准送丝机和数显送丝机，其控制器分别如图 1-2-9、图 1-2-10 所示。填写各数字所指零部件的名称和功能。

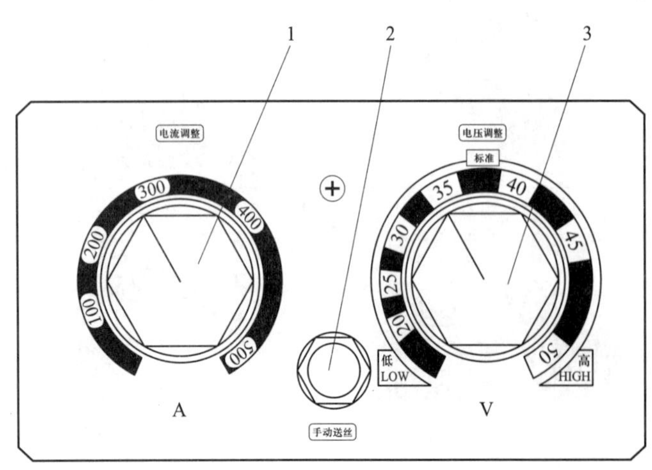

图 1-2-9　标准送丝机控制器

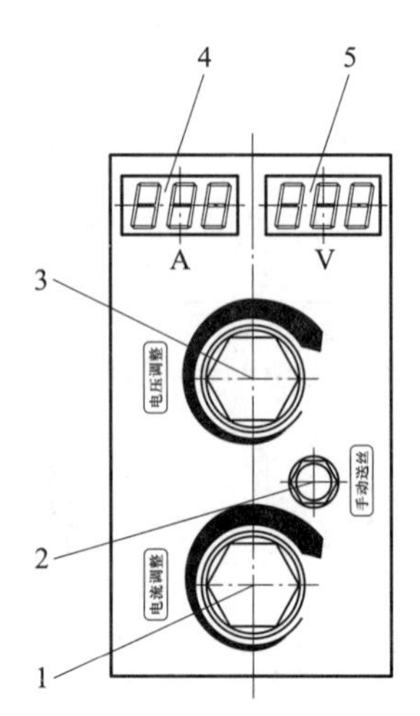

图 1-2-10　数显送丝机控制器

1____

2____

3____

4____

5____

4．根据图 1-2-11 填写半自动 CO_2 气体保护焊设备各部件的名称。

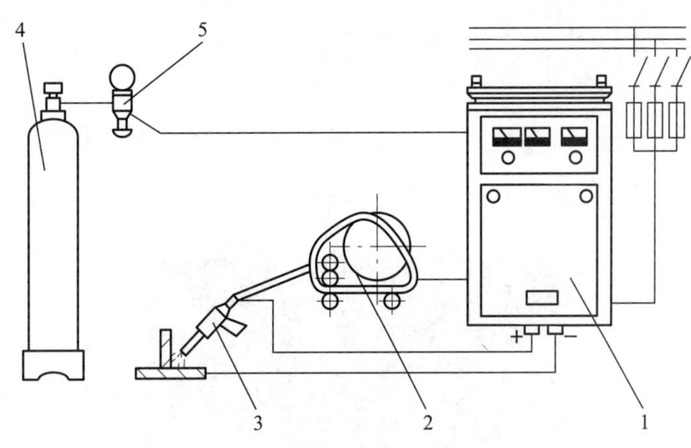

图 1-2-11　半自动 CO_2 气体保护焊设备示意图

1—　　2—　　3—　　4—　　5—

5．CO_2 气体保护焊鹅颈式焊枪形似鹅颈，应用广泛，用于平焊位置较方便。根据图 1-2-12 填写 CO_2 气体保护焊鹅颈式焊枪各零部件的名称。

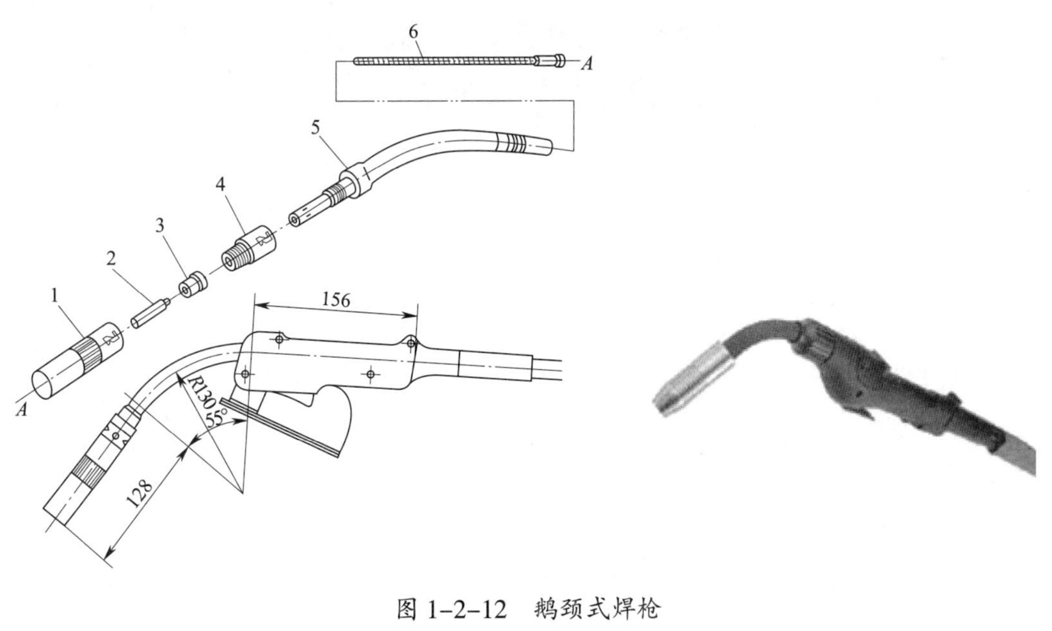

图 1-2-12　鹅颈式焊枪

1—　　2—　　3—　　4—　　5—　　6—

6．通过网络或书籍查阅资料，制定I形坡口平对接焊焊接任务的焊前准备内容及要求。

（1）焊前准备内容

1）场地要求：

2）材料与设备：

3）小组讨论并写出焊件表面清理中有哪些安全注意事项，派代表阐述理由。检查焊件表面清理质量和该组安全操作、防护及6S管理情况。焊件清理如图1–2–13所示。

图1–2–13　焊件清理

（2）对焊丝的要求

（3）对 CO_2 气体储存方式和纯度的要求

三、装配与焊接

1．CO_2 气体保护焊 I 形坡口平对接装配定位焊

（1）根据工艺卡将 CO_2 气体保护焊 I 形坡口平对接焊件组对装配尺寸填在表 1–2–4。

表 1–2–4　　CO_2 气体保护焊 I 形坡口平对接焊件组对装配尺寸

坡口类型	装配间隙 /mm	定位焊缝长度 /mm	定位点数 / 个	错边量 /mm
I 形坡口	无间隙			

（2）根据工艺卡确定工艺参数，填写表 1–2–5。

表 1–2–5　　CO_2 气体保护焊 I 形坡口平对接定位焊焊接参数

焊接电流 /A	焊接电压 /V	CO_2 气体流量 /（$L \cdot min^{-1}$）	焊丝直径 /mm	喷嘴距焊件距离 /mm	焊丝干伸长 /mm	电源极性
			1.0			

（3）定位焊完毕后清理定位焊缝表面，检查定位焊缝质量，填写表 1–2–6。

表 1–2–6　　I 形坡口平对接装配标准

序号	检验项目	装配质量要求	检验结果
1	装配间隙	b=0	
2	错边量	≤ 0.5 mm	
3	反变形量	≤ 3°	
4	定位焊缝长度	15 ～ 20 mm	
5	气孔	不允许	
6	焊瘤	不允许	

（4）仔细检查定位焊点有无缺陷，如有缺陷则进行修补。确认无缺陷后，用角磨机将定位焊缝两侧打磨出斜坡，为接头创造条件，防止接头未焊透。装配定位焊尺寸如图 1–2–14 所示。

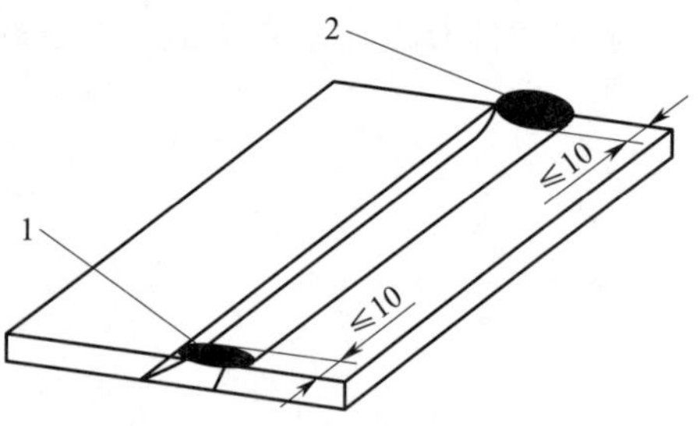

图 1–2–14　I 形坡口平对接定位焊位置及尺寸

2．焊接

（1）焊接操作技巧

焊接参数主要根据工件厚度、接头形式、焊缝所在位置来确定，由于板材较薄采用单层单道成形，为预防焊接过程中的变形，应小电流快速焊。焊接过程中要时刻观察熔池形状以防止烧穿、焊偏以及未熔合等缺陷。I 形坡口平对接焊时焊枪角度如图 1–2–15 所示。

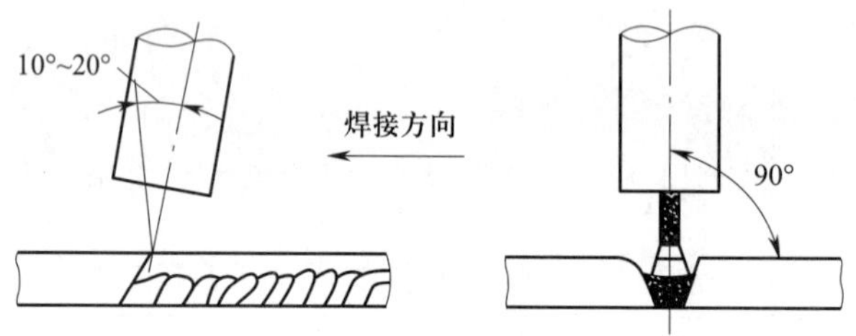

图 1–2–15　平对接焊时焊枪角度

1）引弧。采用短路法引弧，引弧前先剪掉粗大的球状焊丝端头，因为球状端头的存在等于加粗了焊丝直径，且球状端头表面上覆盖的氧化膜对引弧不利。同时，使焊丝端头与焊件保持 2 ~ 3 mm 的距离，喷嘴与焊件保持 10 ~ 15 mm 的距离。按动焊枪开关，随后自动送气、送电、送丝，直至焊丝与工件表面接触短路，引燃电弧，然后缓慢引向待焊处，当焊缝金属熔合后，再以正常焊接速度施焊。

2）直线焊接。直线焊接即焊丝只沿坡口作直线运动而不摆动，直线无摆动焊接形成的焊缝宽度稍窄，焊缝偏高，熔深较浅。整条焊缝往往在始焊端、焊缝接头处、终焊端等处产生缺陷，应采取相应的处理措施。图 1–2–16 所示为直线运条与摆动运条接头方法。

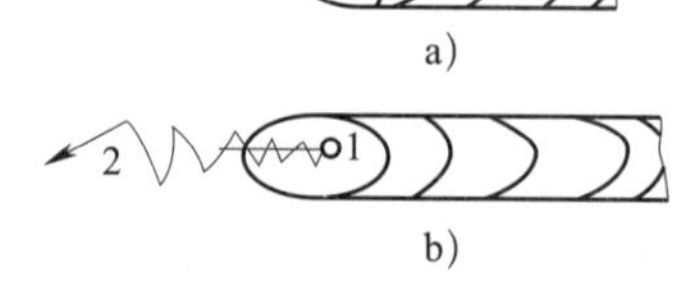

图 1–2–16　焊缝接头连接方法

a）直线运条　b）摆动运条

3）焊枪的运动方法。焊枪的运动方法有两种：一种是焊枪自右向左移动，称为左向焊法；另一种是焊枪自左向右移动，称为右向焊法，如图 1–2–17 所示。

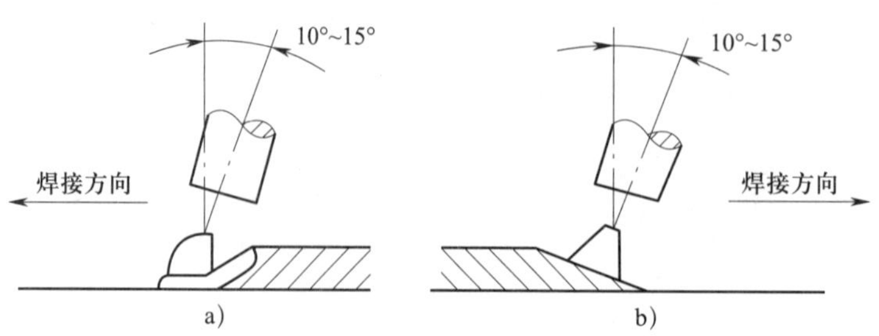

图 1–2–17　焊枪的运动方法

a）左向焊法　b）右向焊法

左向焊法操作时，电弧的吹力作用在________及其前沿处，将熔池金属向前推延，由于电弧不直接作用在母材上，因此熔深较________，焊道________，________，保护效果好。采用左向焊法易于观察熔池，易于掌握________，不宜________。

右向焊法操作时，电弧直接作用在________________，熔深较大，焊道________________，飞溅略小，但不易准确掌握________________，尤其是对接焊时更明显。一般 CO_2 气体保护焊时，均采用______________，前倾角为 10° ~ 15° 。

4）灭弧焊法。由于材料较薄，为预防焊接变形可采用灭弧点焊的方法进行操作，操作中应保证每个熔池覆盖前一个熔池的 1/2 ~ 2/3，焊接速度要均匀，燃弧时间不宜过长。这种焊法焊后焊缝纹路均匀，焊缝美观，焊缝不宜过高，变形相对较小，但焊接效率较低，适用于薄板 I 形坡口立对接焊操作。

I 形坡口平对接焊缝如图 1–2–18 所示。

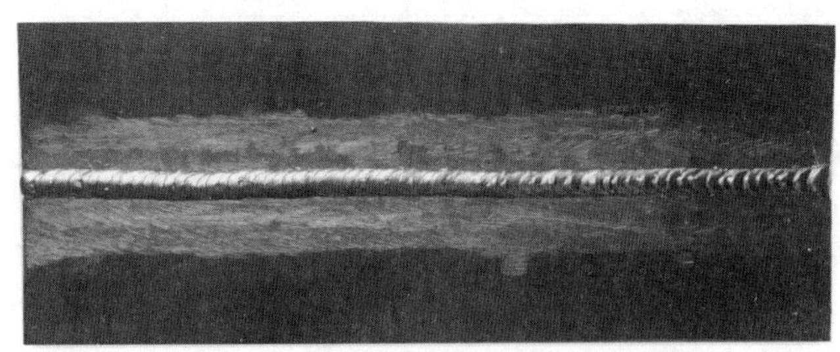

图 1–2–18　I 形坡口平对接焊缝

（2）进行 I 形坡口对接平焊焊接操作，并把操作过程中所选用 CO_2 气体保护焊焊接参数填入表 1–2–7。

表 1–2–7　I 形坡口平对接焊接参数表

焊接位置	焊接电流 /A	焊接电压 /V	CO_2 气体流量 /(L · min^{-1})	焊丝直径 /mm	焊丝干伸长 /mm	运条方法	电感 /H	右向焊法或左向焊法
平焊位								

（3）按照教师示范以及讲解的操作要领进行操作练习，总结在操作过程中，自己哪一部分焊得比较好、哪一部分焊得不好，以及为什么。

四、焊接检验

1．根据图样要求完成 CO_2 气体保护焊 I 形坡口平对接焊接的操作，并进行检验。

（1）焊接操作完毕后清理焊缝表面，检查焊缝质量，填写表 1–2–8。

表 1-2-8　　CO_2 气体保护焊 I 形坡口平对接评分标准

序号	考核内容	检验项目	评分标准	配分	检验结果	得分
1	焊前准备	劳保着装及工具准备，参数设置、设备调试	劳保着装及工具准备齐全，参数设置及设备调试正确。不齐全或有一项不正确扣 1 分	5		
2	焊接操作	焊件固定的空间位置	焊件固定的空间位置超出规定范围，不得分	5		
3	焊缝外观	焊缝宽度	7 ~ 9 mm，低于 7 mm 大于 9 mm 不得分	10		
		焊缝宽度差	<2 mm，宽度差超过 2 mm 不得分	10		
		焊缝余高	0 ~ 3 mm，低于母材或超过 3 mm 不得分	10		
		焊缝高度差	<1 mm，超过 3 mm 不得分	10		
		错边量	≤ 0.5 mm，超过 2 mm 不得分	5		
		变形量	≤ 3°，超标不得分	5		
		外观成形	每处缺陷扣 5 分	20		
		气孔	不允许，出现缺陷该项不得分	5		
		焊瘤	不允许，出现缺陷该项不得分	5		
4	其他	焊件电弧划伤	不允许，出现缺陷该项不得分	5		
		安全文明生产	6S 管理，设备复原，工具摆放整齐，清理焊件，打扫场地，关闭电源，每有一处不符合要求扣 1 分	5		

（2）将在检验的过程中发现的缺陷填入表 1-2-9。

表 1-2-9　　缺陷检查

检测方式	自检（10%）	小组检测（40%）	教师检测（50%）	总分
缺陷名称				
得分				

对焊缝检测的项目有____________、____________、____________、____________、____________和____________等。

2．每名同学写一份学习小结，字数不少于200字。各组派一名代表陈述。

五、子活动学习评价

根据学习过程完成本学习子活动评价。

学习活动评价表

子活动名称：I形坡口平对接　　组名：________　　学生姓名：________

<table>
<tr><th colspan="2" rowspan="3">评价项目</th><th rowspan="3">评价内容</th><th colspan="3">评价方式</th><th rowspan="3">权重</th><th rowspan="3">得分小计</th><th rowspan="3">总分</th></tr>
<tr><th>自我评价</th><th>小组评价</th><th>教师评价</th></tr>
<tr><th>10%</th><th>40%</th><th>50%</th></tr>
<tr><td rowspan="5">关键能力</td><td rowspan="3">社会能力</td><td>安全文明操作</td><td></td><td></td><td></td><td>10%</td><td rowspan="3"></td><td rowspan="6"></td></tr>
<tr><td>团队协作能力</td><td></td><td></td><td></td><td>10%</td></tr>
<tr><td>沟通表达能力</td><td></td><td></td><td></td><td>10%</td></tr>
<tr><td rowspan="2">方法能力</td><td>信息处理能力</td><td></td><td></td><td></td><td>10%</td><td rowspan="2"></td></tr>
<tr><td>学习能力</td><td></td><td></td><td></td><td>10%</td></tr>
<tr><td colspan="2">专业能力</td><td>焊接质量</td><td></td><td></td><td></td><td>50%</td><td></td></tr>
<tr><td colspan="2">指导教师综合评价</td><td colspan="7">得分总计：

指导教师签名：　　　　日期：</td></tr>
</table>

子活动 2　低碳钢 CO_2 气体保护焊 I 形坡口立对接

I 形坡口立对接位置是焊接生产中常见的焊接位置，采用 CO_2 气体保护焊方法有助于保证薄板的焊接质量，提高生产效率，通过该位置的焊接技能学习有助于熟悉 CO_2 气体保护焊的基本特点，也可为 T 形接头角焊缝位置的焊接打下基础。

学习过程

活动简介：立焊技术比平焊技术相对较难，学生需要从焊件图中读取相关信息，并按照焊接工艺卡规定的参数采用 CO_2 气体保护焊的方法进行焊接。

一、焊件图与焊接工艺卡

1．焊件图（见图 1–2–19）

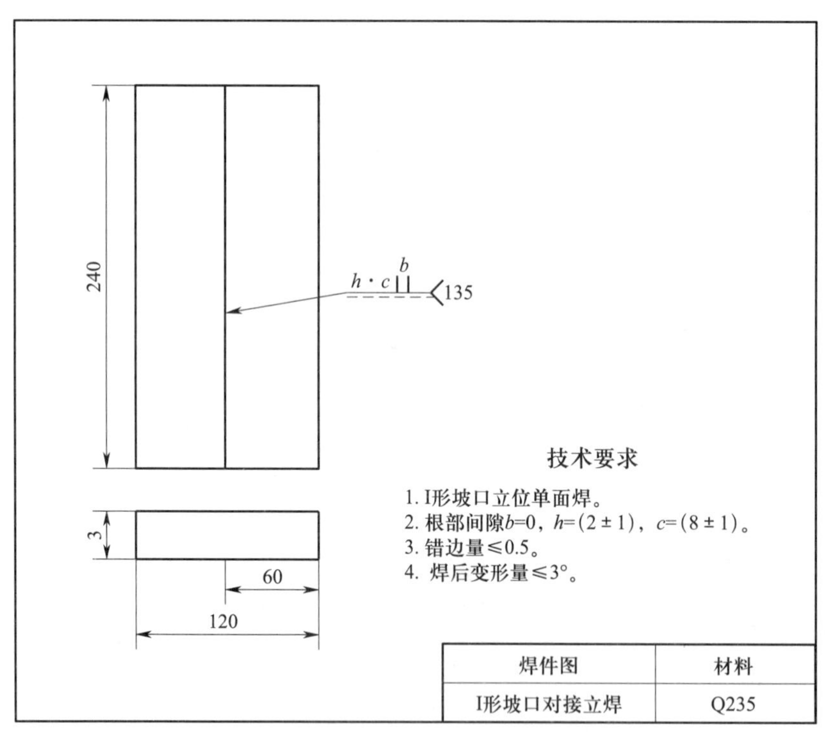

图 1–2–19　焊件及尺寸

2．根据接头形式、材料厚度确定焊接方法采用 CO_2 气体保护焊。

（1）CO_2 气体保护焊 I 形坡口立对接焊时熔池金属会产生________，影响________________。对设备的正确使用及焊接参数的合理调节，是保证____________和____________的重要因素。

（2）分析焊枪导电嘴粘接的原因和防止措施，填表 1–2–10。

表 1–2–10　导电嘴粘接的原因和防止措施

图片	产生原因	防止措施
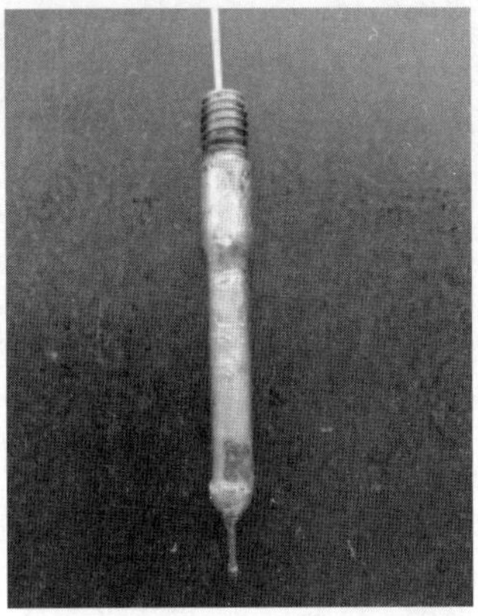		

（3）小组通过分析、讨论，确定 3 mm 薄板 I 形坡口立对接焊时选用的焊枪角度。

3．焊接工艺卡（见表 1–2–11）

表 1–2–11　I 形坡口立对接焊焊接工艺卡

工程名称	I 形坡口立对接			工艺卡编号	01		
材质	Q235	规格	240 mm × 60 mm × 3 mm，2 块	焊接方法	CO_2 气体保护焊（135）	焊工资格	初级焊工
焊评编号	无		无损检测	无		合格等级	Ⅱ级
适用范围	板对接立焊						

续表

<table>
<tr><td>焊接层次</td><td>焊接电流 /A</td><td>焊接电压 /V</td><td>CO_2 气体流量 /（$L \cdot min^{-1}$）</td><td>焊接材料</td><td>焊丝直径 /mm</td><td>焊丝干伸长 /mm</td><td>喷嘴与焊件距离 /mm</td><td>电源极性</td></tr>
<tr><td>定位焊</td><td>90 ~ 110</td><td rowspan="2">18 ~ 20</td><td rowspan="2">8 ~ 10</td><td rowspan="2">ER50-6</td><td rowspan="2">ϕ1.0</td><td rowspan="2">10 ~ 15</td><td rowspan="2">≤ 15</td><td rowspan="2">直流反接</td></tr>
<tr><td>正式焊</td><td>80 ~ 100</td></tr>
<tr><td>坡口尺寸及熔敷图</td><td colspan="3">0
3</td><td>技术要求</td><td colspan="4">1. 在坡口及坡口边缘正反 20 mm 范围内，将油污、锈垢、氧化皮清除，直至呈现金属光泽。
2. 焊缝余高为 1 ~ 3 mm。
3. 注意根部焊透。
4. 焊缝外观不允许有裂纹、未熔合、焊瘤、气孔等缺陷，尺寸符合图样要求。</td></tr>
</table>

二、焊前准备

1．通过网络或书籍查阅资料，制订 I 形坡口立对接焊焊接任务的工作计划，确定施工步骤。

（1）根据图 1-2-20 分析 CO_2 气体保护焊送丝机构，并完善表 1-2-12。

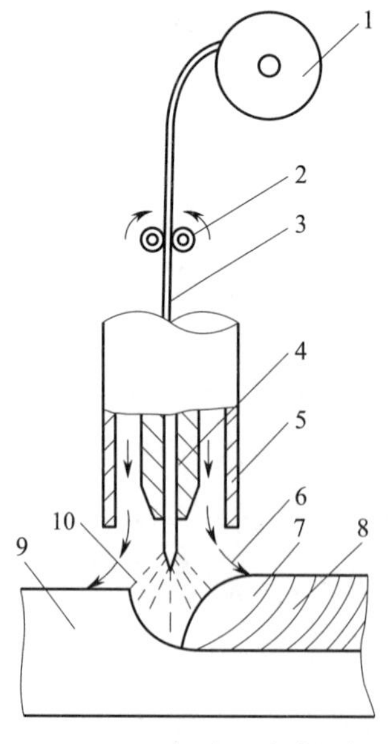

图 1-2-20　CO_2 气体保护焊送丝机构

表 1-2-12　　CO_2 气体保护焊送丝机构

序号	1	2	3	4	5	6	7	8	9	10
名称						保护气体		焊缝金属	母材	电弧

（2）焊件的清理自检及他检记录。

表 1-2-13　　自检及他检记录

类别	本组自检			其他小组抽检		
	优秀	合格	不合格	优秀	合格	不合格
表面清理质量						
健康、安全操作和 6S						

三、装配与焊接

1．CO_2 气体保护焊 I 形坡口立对接装配定位焊

（1）CO_2 气体保护焊 I 形坡口立对接焊件组对装配尺寸见表 1-2-14。

表 1-2-14　　I 形坡口立对接焊件组对装配尺寸

坡口类型	装配间隙 /mm	定位焊缝长度 /mm	定位点数 / 个	错边量 /mm
I 形坡口	无间隙	15 ~ 20	2	≤ 0.5

（2）根据焊接工艺卡，填写表 1-2-15。

表 1-2-15　　I 形坡口立对接定位焊焊接参数

焊接电流 /A	焊接电压 /V	CO_2 气体流量 /（$L \cdot min^{-1}$）	焊丝直径 /mm	电感 /H	焊丝干伸长 /mm	喷嘴与焊件距离 /mm
100 ~ 120						

（3）定位焊后清理定位焊缝表面，检查定位焊缝质量，填写表 1-2-16。

表 1-2-16　　I 形坡口立对接装配标准

序号	检验项目	装配质量要求	检验结果
1	装配间隙	b=0	
2	错边量	≤ 0.5 mm	
3	变形量	≤ 3°	
4	定位焊缝长度	15 ~ 20 mm	
5	气孔	不允许	
6	焊瘤	不允许	

检查定位焊点有无缺陷，若有缺陷则进行修补。确认无缺陷后，用角磨机将定位焊缝两侧打磨出斜坡，为接头创造条件，防止接头未焊透，如图 1–2–21 所示。

图 1–2–21　I 形坡口立对接焊件组对装配

2．焊接

（1）焊接操作技巧

I 形坡口立焊操作时，由于所处焊接位置为立焊位，操作中由于熔池金属的重力会产生焊缝下坠，产生焊缝余高过高、咬边、焊瘤、焊缝成形不美观等缺陷。为保证焊缝质量及外观成形，可采用细丝短路过渡，选择合适的焊枪角度和焊接参数匀速焊接。立焊位操作时不可采用向下弯曲的月牙形运丝法，此法会使熔敷金属下淌，出现焊瘤和产生咬边缺陷，因此大多采用向上弯曲的反月牙形运丝法进行立焊，如图 1–2–22 所示。

1）I 形坡口立焊采用单道焊成形，采用小电流、低电压、短弧焊接（细丝短路过渡），向下立焊法，焊枪向下倾斜一个角度，如图 1–2–23 所示。采用直线运丝法，自上而下匀速移动，控制电弧在熔敷金属的前方，利用 CO_2 气体承托熔敷金属，使熔敷金属不下坠，保证焊缝有良好的成形。

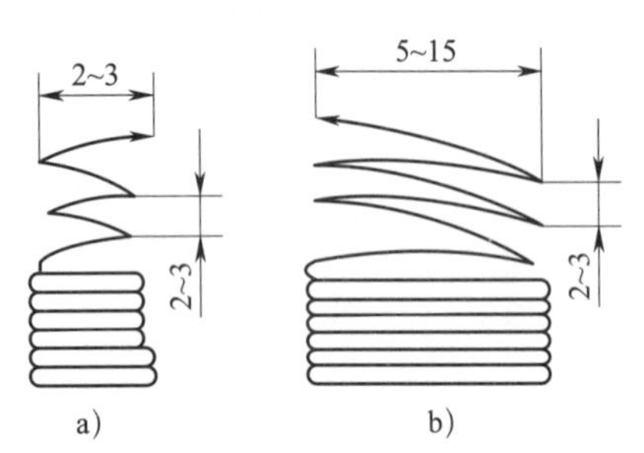

图 1–2–22　向上立焊时焊枪横向摆动运丝方法
a）小幅摆动　b）反月牙形摆动

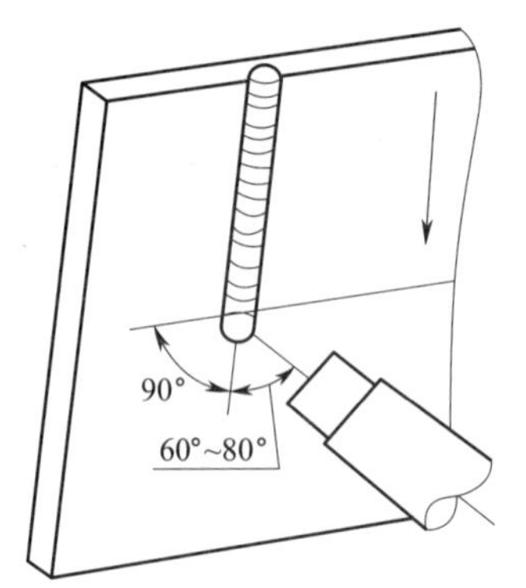

图 1–2–23　向下立焊焊枪角度

这种向下立焊操作十分方便，焊缝成形也很美观，但熔深________，适用于______________、______________接头、打底层和薄板的焊接。向下立焊适用于板厚为________ mm 以下的工件。向下立焊的关键是________，防止发生焊瘤和未焊透。

2）I 形坡口立焊还可采用向上立焊法，采用小电流，细丝短路过渡形式，焊枪角度如图 1–2–24 所示，焊丝与焊接方向保持在 90°，如焊缝要求一定宽度可采用小幅度摆动或反月牙运丝法，自下而上匀速移动。还可采用灭弧点焊方法进行焊接，操作中注意保证每个熔池覆盖前一个熔池的 1/2 ~ 2/3，焊接速度要均匀，燃弧时间不宜过长，焊后焊缝纹路均匀，焊缝美观且不宜过高，变形相对较小。但焊接效率较低。

I 形坡口立焊焊件图如图 1–2–25 所示。

（2）由教师示范 I 形坡口对接立焊，学生将操作过程中所选用的 CO_2 气体保护焊焊接参数填入表 1–2–17。

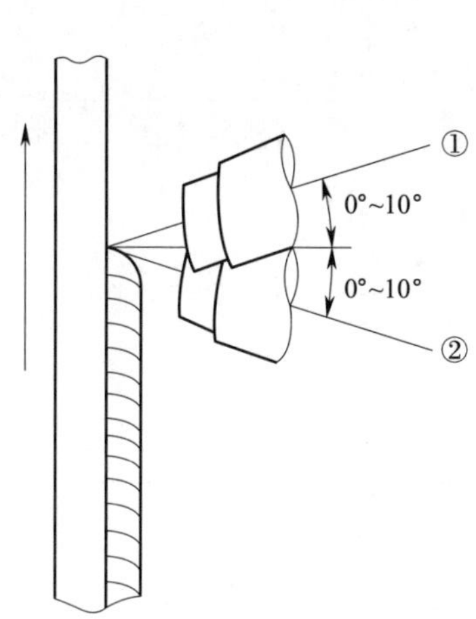

图 1–2–24　向上立焊焊枪角度

图 1–2–25　I 形坡口立焊焊件图

表 1–2–17　　I 形坡口对接立焊参数

焊接位置	焊接电流 /A	焊接电压 /V	CO_2 气体流量 /（L · min^{-1}）	焊丝直径 /mm	焊丝干伸长 /mm	运条方法	电感 /H	焊接方法
立焊位								

（3）试分析 CO_2 气体保护焊的优点和缺点。

优点：

缺点：

（4）按照教师示范以及讲解的操作要领进行操作练习，总结在操作过程中，自己哪部分焊得比较好，哪部分焊得不好，以及为什么。

（5）通过操作练习总结 CO_2 气体保护焊 I 形坡口对接向上立焊法和向下立焊法各自的优点及缺点。

四、焊接检验

1．根据图样要求完成 CO_2 气体保护焊 I 形坡口立对接焊接的操作，并进行自检和互检。

（1）焊接操作完毕后清理焊缝表面，检查焊缝质量，完成表 1–2–18。

表 1–2–18　CO_2 气体保护焊 I 形坡口立对接评分标准

序号	考核内容	检验项目	评分标准	配分	检验结果	得分
1	焊前准备	劳保着装及工具准备齐全，参数设置及设备调试	劳保着装工具准备不符合要求，参数设置及设备调试不正确，有一项扣 1 分	5		
2	焊接操作	焊件固定的空间位置	焊件固定的空间位置超出规定范围，不得分	5		
3	焊缝外观	焊缝宽度	7 ~ 9 mm，低于 7 mm 大于 9 mm 不得分	10		
		焊缝宽度差	<2 mm，宽度差超过 2 mm 不得分	10		
		焊缝余高	0 ~ 3 mm，低于母材或超过 3 mm 不得分	10		
		焊缝高度差	<1 mm，超过 3 mm 不得分	10		
		错边量	≤ 0.5 mm，超过 2 mm 不得分	5		
		变形量	≤ 3°，超标不得分	5		
		焊缝外观成形	每处缺陷扣 5 分	20		
		气孔	不允许，出现缺陷该项不得分	5		
		焊瘤	不允许，出现缺陷该项不得分	5		
4	其他	焊件电弧划伤	不允许，出现缺陷该项不得分	5		
		安全文明生产	6S 管理，设备复原，工具摆放整齐，清理焊件，打扫场地，关闭电源，每有一处不符合要求扣 1 分	5		

（2）各小组自检本组完成的焊件质量，记录小组平均分，再由其他小组检验该组最好及最差的两对焊件质量，取平均分后填入表 1–2–19 并展示。

表 1-2-19　检查结果

类别	小组自检成绩				
编号	焊件 1	焊件 2	……	最高分	最低分
得分					
平均分					

2．每名同学写一份学习小结，字数不少于 200 字。各组派一名代表陈述。

五、子活动学习评价

根据学习过程完成本学习子活动评价。

学习活动评价表

子活动名称：I 形坡口立对接　　组名：＿＿＿＿＿　　学生姓名：＿＿＿＿＿

评价项目		评价内容	评价方式			权重	得分小计	总分
			自我评价	小组评价	教师评价			
			10%	40%	50%			
关键能力	社会能力	安全文明操作				10%		
		团队协作能力				10%		
		沟通表达能力				10%		
	方法能力	信息处理能力				10%		
		学习能力				10%		
专业能力		焊接质量				50%		
指导教师综合评价		得分总计： 指导教师签名：　日期：						

子活动 3　低碳钢 CO_2 气体保护焊 T 形接头平角焊

T 形接头角焊缝是最常见的接头形式，采用 CO_2 气体保护焊能有效地提高角焊缝的生产效率。薄板角焊缝形式相对于薄板对接在焊接操作中焊接难度较小，焊缝容易成形。该焊接技能是完成薄板料箱的必备技能之一。

学习过程

活动简介：根据课程所要完成的料箱任务进行模拟位置练习，焊工需要从焊件图中读取相关信息，并按照焊接工艺卡规定的参数进行焊接。焊接位置为 T 形接头平角焊，为确保焊接质量、外形美观以及焊接生产效率，采用二氧化碳气体保护焊进行焊接。

一、焊件图与焊接工艺卡

1．焊件图（见图 1-2-26）

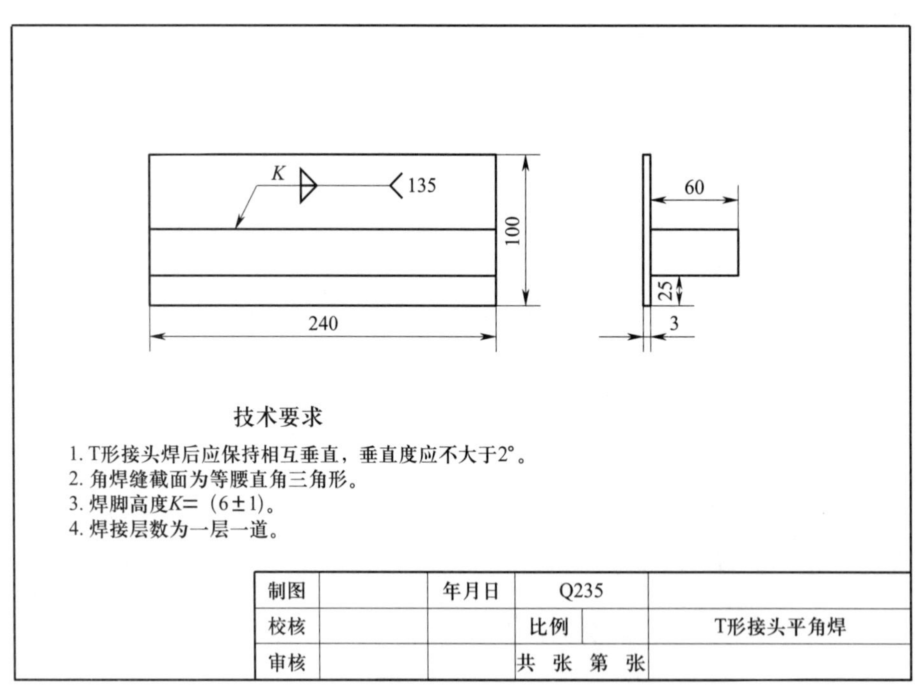

图 1-2-26　焊件及尺寸

2．根据 T 形接头的特点及应用来分析此项工作任务：T 形接头能够承受______________和____________；焊接中要有一定的____________以保证其强度；根据材料的____________焊件不用开坡口；T 形接头是各种箱型结构中最常见的结构形式。此项工作任务最终以保证____________的强度和焊缝外观成形良好为目标。本次焊接任务使用板材的规格是____________、1 块，____________、1 块，材料为____________，焊缝位置是____________，焊脚高度是____________。

3．查阅资料，了解 Q235 的力学性能和焊接工艺性。

4．焊接工艺卡（见表 1–2–20）

表 1–2–20　　T 形接头平角焊焊接工艺卡

<table>
<tr><td>工程名称</td><td colspan="3">T 形接头平角焊</td><td colspan="2">工艺卡编号</td><td colspan="3">01</td></tr>
<tr><td>材质</td><td>Q235</td><td>规格</td><td>240 mm × 100 mm × 3 mm，1 块；240 mm × 60 mm × 3 mm，1 块</td><td colspan="2">焊接方法</td><td>CO_2 气体保护焊（135）</td><td>焊工资格</td><td>初级焊工</td></tr>
<tr><td>焊评编号</td><td colspan="2">无</td><td>无损检测</td><td colspan="3">无</td><td>合格等级</td><td>Ⅱ级</td></tr>
<tr><td>适用范围</td><td colspan="8">T 形接头平焊</td></tr>
<tr><td>焊接层次</td><td>焊接电流 /A</td><td>焊接电压 /V</td><td>CO_2 气体流量 /（$L \cdot min^{-1}$）</td><td>焊接材料</td><td>焊丝直径 /mm</td><td>焊丝干伸长 /mm</td><td>喷嘴与焊件距离 /mm</td><td>电源极性</td></tr>
<tr><td>定位焊</td><td>120 ~ 130</td><td rowspan="2">19 ~ 21</td><td rowspan="2">8 ~ 10</td><td rowspan="2">ER50–6</td><td rowspan="2">ϕ1.0</td><td rowspan="2">10 ~ 15</td><td rowspan="2">≤ 15</td><td rowspan="2">直流反接</td></tr>
<tr><td>正式焊</td><td>105 ~ 120</td></tr>
<tr><td>坡口尺寸及熔敷图</td><td colspan="3">3
3</td><td>技术要求</td><td colspan="4">1. 在坡口及坡口边缘正反 20 mm 范围内，将油污、锈垢、氧化皮清除，直至呈现金属光泽。
2. 焊脚高度 K=5 ~ 7 mm。
3. 注意根部熔深 2 mm。
4. 焊缝外观不允许有裂纹、未熔合、焊瘤、气孔等缺陷，尺寸符合图样要求。</td></tr>
</table>

从焊接工艺卡中可以看出，焊缝分________层________道焊接；合格标准为________级，焊脚高度为________ mm。

二、焊前准备

1．通过网络或书籍查阅资料，制订 T 形坡口平角焊焊接任务的工作计划，确定施工步骤。

2．熟悉焊接方法代号和焊接位置代号。

（1）填表 1–2–21。

表 1–2–21　　焊接方法代号

焊接方法	代号	焊接方法	代号
熔化极气体保护电弧焊	13		111
钨极氩弧焊（TIG）		熔化极非惰性气体保护电弧焊（MAG）	
	136	熔化极惰性气体保护电弧焊（MIG）	131

（2）填表 1–2–22。

表 1–2–22　　焊接位置代号

焊件形式	焊接位置	代号
板对接焊缝形式	平焊焊件	
	仰焊焊件	
	立焊焊件	
	横焊焊件	
板材的角焊缝形式		2F
		4F
		3F

3．小组相互讨论、交流，通过网络或书籍查阅资料，试分析 CO_2 气体保护焊产生飞溅的原因有哪些。

（1）

（2）

（3）

（4）

（5）

三、装配与焊接

1．CO_2 气体保护焊 T 形接头平对接装配定位焊

（1）填表 1–2–23。

表 1–2–23　　T 形接头平角焊焊件组对装配尺寸

坡口类型	装配间隙 /mm	定位焊缝长度 /mm	定位点数 / 个	垂直度
				≤ 2°

（2）填表 1–2–24。

表 1–2–24　　T 形接头平角焊定位焊参数

焊接电流 /A	焊接电压 /V	CO_2 气体流量 /（L · min^{-1}）	焊丝直径 /mm	电感 /H	焊丝干伸长 /mm	喷嘴与焊件距离 /mm
			1.0			

（3）定位焊完毕后仔细清理定位焊缝表面，检查定位焊缝质量并填入表 1–2–25。

表 1–2–25　　T 形接头平角焊装配标准

序号	检验项目	装配质量要求	检验结果
1	垂直度	≤ 2°	
2	定位焊缝长度	15 ~ 20 mm	
3	气孔	不允许	

（4）检查定位焊缝有无________，对缺陷进行修补。确认无缺陷后，用角磨机将定位焊缝两侧打磨出________，为接头创造条件，防止接头________，如图 1–2–27 所示。

图 1–2–27　焊件的装配定位焊

（5）装配定位焊过程中，如定位焊有开裂、未焊透现象时应如何处理？

2．焊接

（1）焊接操作技巧

小贴士

角 焊 缝

焊接操作时由于材料较薄、焊接变形较大，应采用一层一道成形。焊接参数主要根据工件厚度、接头形式、焊缝所在位置来定。由于工件较薄、焊接过程中要时刻观察熔池形状，防止出现烧穿、焊偏以及未熔合、咬边等缺陷。

1）引弧。采用左向焊法，操作时，将焊枪置于右端引弧，如图 1–2–28 所示。

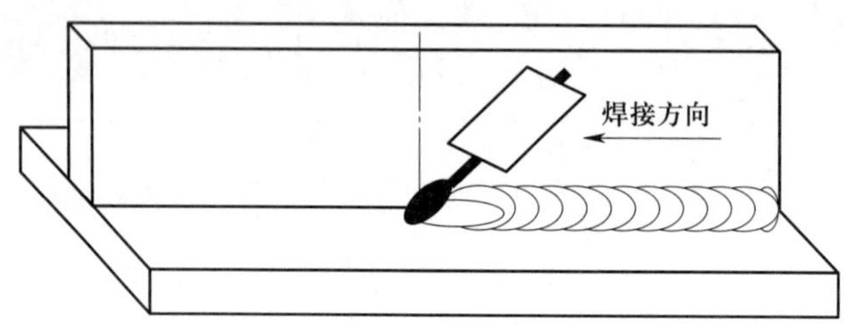

图 1–2–28 焊接方向示意图

2）焊接。焊枪应指向距离根部 2 ~ 3 mm 处，如果焊枪对准的位置不正确，引弧电压过低或焊接速度过慢都会使熔液下淌，造成焊缝下垂。如果引弧电压过高、焊接速度过快或焊枪朝向垂直板，致使母材温度过高，则会引起焊缝的咬边，产生焊瘤。由于采用较大的焊接电流，焊接速度可稍快，同时要适当做横向摆动，平角焊焊枪角度及所指位置如图 1–2–29 所示。

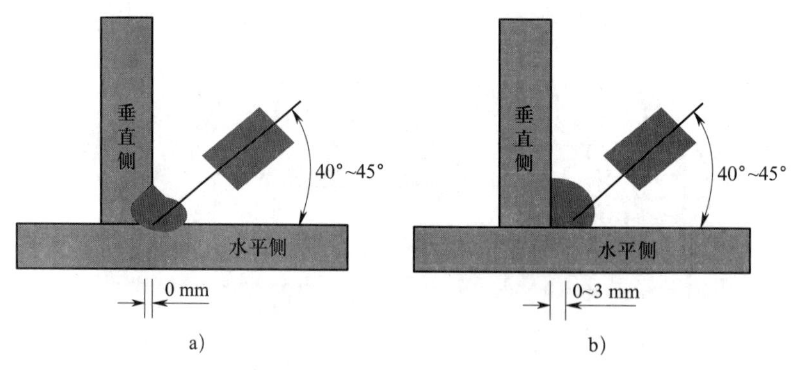

图 1–2–29 平角焊焊枪角度及所指位置

a）焊枪指向位置错 b）焊枪指向位置对

（2）平角焊和平焊相同，也可分为左焊法和右焊法，又称为前进法和后退法。

1）左焊法特点：____________________，不直接作用在____________，焊道____________，容易观察____________，气体保护效果好，________，__________较大。

2）右焊法特点：__________，直接作用在工件上，________大，________小，容易观察焊道，焊道__________，气体保护效果不太好，因右焊法__________过高，作业性能差，__________不好，因此，水平角焊宜采用左焊法进行焊接，如图 1–2–30 所示。

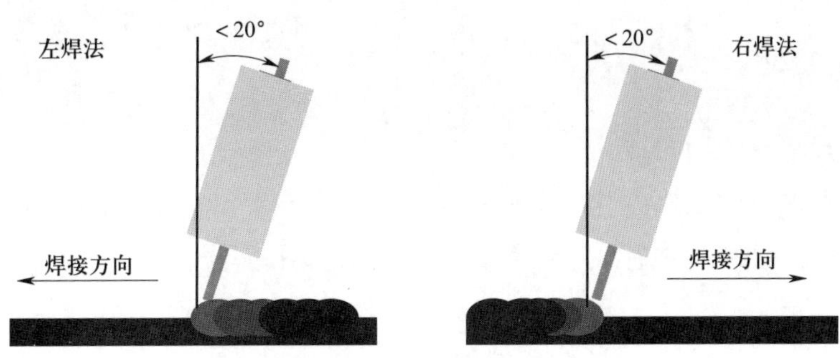

图 1–2–30　左焊法和右焊法

3）T 形接头平对接焊运条方法如图 1–2–31 所示，请补全它们的名称。

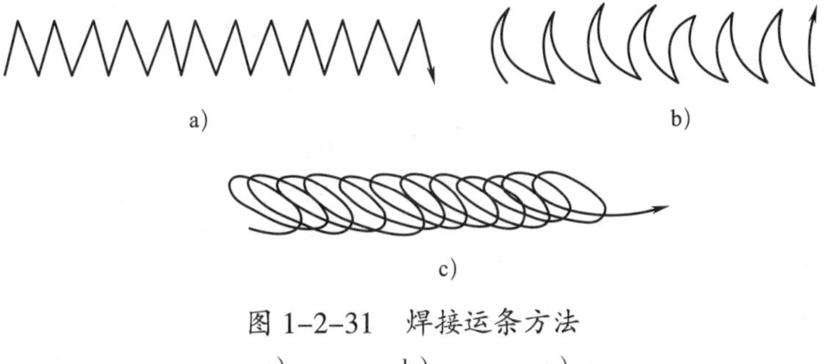

c)

图 1–2–31　焊接运条方法

a）______　b）______　c）______

4）T 形接头平角焊，采用右焊法、斜圆圈形运条法进行操作，焊后如图 1–2–32 所示。

图 1–2–32　T 形接头平角焊焊件图

（3）教师示范焊接操作 T 形接头平角焊，学生把操作过程中所选用 CO_2 气体保护焊焊接参数填入表 1–2–26。

表 1–2–26　T 形接头平角焊定位焊参数

焊接位置	焊接电流 /A	焊接电压 /V	CO_2 气体流量 /（L · min^{-1}）	焊丝直径 /mm	焊丝干伸长 /mm	运条方法	电感 /H	焊接方法
平角焊								右焊法或左焊法

（4）按照教师示范以及讲解的操作要领进行操作练习，总结在操作过程中，自己哪部分焊得比较好，哪部分焊得不好，以及为什么。

四、焊接检验

1．根据图样要求完成 CO_2 气体保护焊 T 形接头平角焊焊接的操作，并进行自检和互检。

（1）焊接操作完毕后清理焊缝表面，检查焊缝质量，填写表 1–2–27。

表 1–2–27　　CO_2 气体保护焊 T 形接头平角焊评分标准

序号	考核内容	检验项目	评分标准	配分	检验结果	得分
1	焊前准备	劳保着装及工具准备齐全，参数设置、设备调试正确	劳保着装及工具准备不符合要求，参数设置及设备调试不正确，每有一项扣 1 分	5		
2	焊接操作	焊件固定的空间位置符合要求	焊件固定的空间位置超出规定范围，不得分	5		
3	焊缝外观	焊脚高度	5 ~ 7 mm，低于 5 mm 大于 7 mm 不得分	10		
		焊脚高度差	0 ~ 2 mm，大于 2 mm 扣 5 分，超过 3 mm 不得分	10		
		焊缝凸凹度	≤ 1 mm，超过不得分	10		
		垂直度	≤ 2°，超过不得分	5		
		咬边	<0.5 mm，累计长度不超 15 mm，超过不得分	10		
		焊缝飞溅物清理	若不清理，该项不得分	5		
		焊缝外观成形	每处缺陷扣 5 分	20		
		气孔	不允许，出现缺陷该项不得分	5		
		焊瘤	不允许，出现缺陷该项不得分	5		
4	其他	焊件电弧划伤	不允许，出现缺陷该项不得分	5		
		安全文明生产	6S 管理，设备复原，工具摆放整齐，清理焊件，打扫场地，关闭电源，每有一处不符合要求扣 1 分	5		

（2）同学们在检验过程中发现的缺陷有哪些？对这些缺陷进行记录并分析其产生原因。

各小组自检本组完成的焊件质量，记录小组平均分，再由其他小组检验该组最好及最差的两个焊件质量，取平均分后填入表 1–2–28 并展示。

表 1–2–28　　　　检查结果

类别	小组自检成绩				
编号	焊件 1	焊件 2	…	最高分	最低分
得分					
平均分					

2．每名同学写一份学习小结，字数不少于 200 字。各组派一名代表陈述。

五、子活动学习评价

根据学习过程完成本学习子活动评价。

学习活动评价表

子活动名称：T 形接头平角焊　　组名：＿＿＿＿＿　　学生姓名：＿＿＿＿＿

评价项目		评价内容	评价方式			权重	得分小计	总分
			自我评价	小组评价	教师评价			
			10%	40%	50%			
关键能力	社会能力	安全文明操作				10%		
		团队协作能力				10%		
		沟通表达能力				10%		
	方法能力	信息处理能力				10%		
		学习能力				10%		
专业能力		焊接质量				50%		

续表

<table>
<tr><td rowspan="3">评价项目</td><td rowspan="3">评价内容</td><td colspan="3">评价方式</td><td rowspan="3">权重</td><td rowspan="3">得分
小计</td><td rowspan="3">总分</td></tr>
<tr><td>自我评价</td><td>小组评价</td><td>教师评价</td></tr>
<tr><td>10%</td><td>40%</td><td>50%</td></tr>
<tr><td>指导教师
综合评价</td><td colspan="7">得分总计：

指导教师签名：　　　　　　　　　　　　日期：</td></tr>
</table>

子活动 4　低碳钢 CO_2 气体保护焊 T 形接头立角焊

T 形接头立角焊在平角焊的基础上增加了一些难度，对操作者基本功也有更高的要求。T 形接头立角焊是实际生产中最为常见的焊接位置，大多采用 CO_2 气体保护焊进行生产加工。

学习过程

活动简介：根据薄板料箱任务进行模拟位置练习。现有两块相同尺寸的板材需要焊接，材料为 Q235，尺寸如图 1–2–33 所示。焊接位置为 T 形接头立角焊，为确保焊接质量以及焊接生产效率，采用 CO_2 气体保护焊的方法。

一、焊件图与焊接工艺卡

1．焊件图（见图 1–2–33）

2．立角焊是根据 T 形接头的特点及应用来分析此项工作任务，T 形接头能够承受各个方向的力和力矩，焊接中要有一定的熔深来保证其强度，根据材料的厚度，焊件不用开坡口。此项工作任务要保证焊接接头的强度和焊缝外观成形良好。

立角焊是在________焊缝倾角________度（向上焊）、转角 45° 或 135° 的角焊位置的焊接。立焊时，在______________容易下淌，甚至会产生________以及在焊缝两侧形成________。立角焊一般采用多层焊，具体焊缝层数要根据______________来确定。

3．查阅相关资料，了解 CO_2 气体保护焊的熔滴过渡形式。

CO_2 气体保护焊熔滴过渡形式主要有两种：短路过渡和细滴过渡。

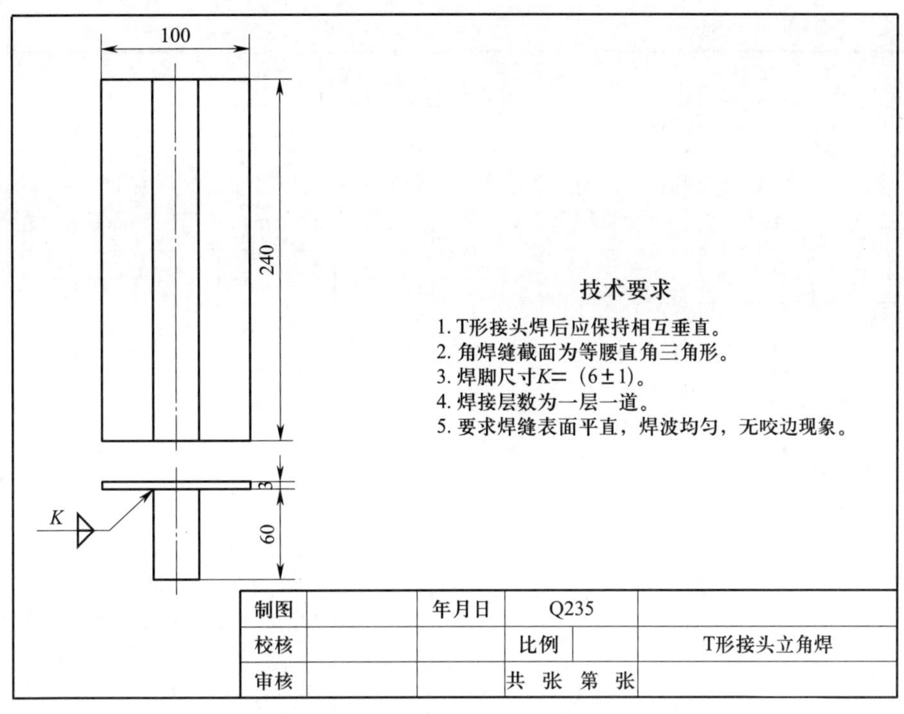

图 1-2-33　板件及尺寸

（1）短路过渡：

（2）细滴过渡：

4．焊接工艺卡（见表 1-2-29）

表 1-2-29　T 形接头立角焊焊接工艺卡

工程名称	T 形接头立角焊			工艺卡编号	01		
材质	Q235	规格	240 mm × 100 mm × 3 mm，1 块；240 mm × 60 mm × 3 mm，1 块	焊接方法	CO_2 气体保护焊（135）	焊工资格	初级焊工
焊评编号	无		无损检测	无		合格等级	Ⅱ级

续表

<table>
<tr><td>适用范围</td><td colspan="8">T 形接头立角焊</td></tr>
<tr><td>焊接层次</td><td>焊接电流 /A</td><td>焊接电压 /V</td><td>CO_2 气体流量 /（L · min^{-1}）</td><td>焊接材料</td><td>焊丝直径 /mm</td><td>焊丝干伸长 /mm</td><td>喷嘴与焊件距离 /mm</td><td>电源极性</td></tr>
<tr><td>定位焊</td><td>120 ~ 130</td><td>19 ~ 21</td><td rowspan="3">8 ~ 10</td><td rowspan="3">ER50–6</td><td rowspan="3">ϕ 1.0</td><td rowspan="3">10 ~ 15</td><td rowspan="3">≤ 15</td><td rowspan="3">直流反接</td></tr>
<tr><td rowspan="2">正式焊</td><td>断弧
105 ~ 120</td><td>18 ~ 20</td></tr>
<tr><td>连弧
80 ~ 90</td><td>17 ~ 19</td></tr>
<tr><td>坡口尺寸及熔敷图</td><td colspan="3"></td><td>技术要求</td><td colspan="4">1. 在坡口及坡口边缘正反 20 mm 范围内，将油污、锈垢、氧化皮清除，直至呈现金属光泽。
2. 焊脚高度 K=5 ~ 7 mm。
3. 注意根部熔深 2 mm。
4. 焊缝外观不允许有裂纹、未熔合、焊瘤、气孔等缺陷，尺寸符合图样要求。</td></tr>
</table>

二、焊前准备

1. 通过网络或书籍查阅资料，制订 T 形坡口立角焊焊接任务的工作计划，确定施工步骤。

2. CO_2 气体保护焊时可能产生的气孔有哪些？最常出现的气孔是哪种？试分析有没有预防的方法。

（1）

（2）

（3）

三、装配与焊接

1. CO_2 气体保护焊 T 形接头立角焊装配定位焊（装配与平角焊相同）

（1）填写表 1–2–30。

表 1–2–30　　T 形接头立角焊焊件组对装配尺寸

坡口类型	装配间隙 /mm	定位焊缝长度 /mm	定位点数 / 个	垂直度
T 形接头	无间隙			

（2）填写表 1–2–31。

表 1–2–31　　T 形接头立角焊定位焊参数

焊接电流 /A	焊接电压 /V	CO_2 气体流量 /（L · min^{-1}）	焊丝直径 /mm	电感 /H	焊丝干伸长 /mm	喷嘴与焊件距离 /mm
120 ~ 130	19 ~ 21	8 ~ 10	1.0	2 ~ 5	10 ~ 15	≤ 15

（3）定位焊完毕后清理定位焊缝表面，检查定位焊缝质量，填写表 1–2–32。

表 1–2–32　　T 形接头立对接焊件组对装配标准

序号	检验项目	装配质量要求	检验结果
1	垂直度	≤ 2°	
2	定位焊缝长度	15 ~ 20 mm	
3	气孔	不允许	

定位焊时采用与焊接焊件相同的焊接材料及方法，检查定位焊缝有无缺陷，对缺陷进行修补。确认无缺陷后，用砂轮将定位焊缝两侧打磨出斜坡，为接头创造条件，防止接头未焊透。定位焊缝如图 1–2–34 所示。

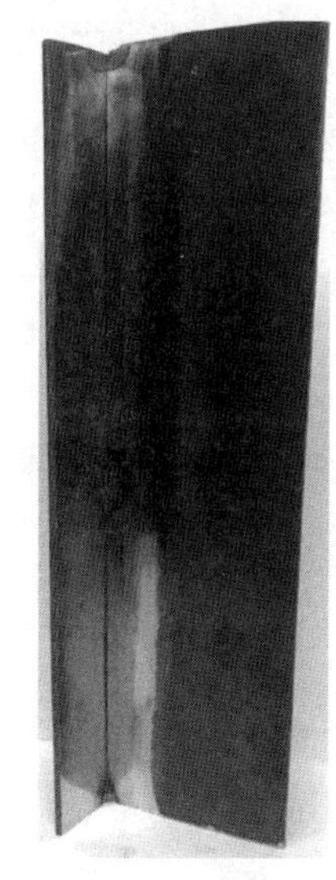

图 1–2–34　焊件的装配定位焊缝

（4）装配定位焊过程中，装配的基本条件有哪些？

定位：

夹紧：

测量：

（5）试分析 CO_2 气体保护焊焊接工艺参数主要有哪些。

2．焊接

（1）焊接操作技巧

特别提示：立角焊与对接立焊的操作有许多相似之处，该角焊缝看似容易，实际操作焊接时，要达到焊脚尺寸相同、焊道中间平滑过渡，还要达到一定的根部熔深，具有一定的难度，焊接时应随时调整熔池温度，控制熔池形状，使其达到理想的焊缝成形。

1）CO_2 气体保护焊 T 形接头立角焊焊接参数见表 1-2-33。

表 1-2-33 T 形接头立角焊焊接参数

焊接层次	焊接电流 /A	焊接电压 /V	CO_2 气体流量 /(L · min^{-1})	焊丝直径 /mm	电感 /H	焊丝干伸长 /mm	喷嘴与焊件距离 /mm	焊接方法
一层一道	120 ~ 130	19 ~ 21	8 ~ 10	1.0	2 ~ 5	10 ~ 15	≤ 15	灭弧点焊
	80 ~ 90	17 ~ 19						连弧焊

2）根据工件厚度的不同，立焊可以采用向下立焊或向上立焊。前者主要用于薄板，而后者用于厚度大于 6 mm 的工件。立焊易产生咬边，未焊透、焊缝过高、焊瘤、焊缝成形不均匀等缺陷。

3）向上立焊主要的运丝方法为小幅摆动式（小焊缝）和月牙形摆动式（大焊缝）。直线式焊接时，焊道易呈凸状，焊道外观成形不良且易咬边，一般不采用。向上立焊能进行 6 mm 以上平板对接、T 字接头、角接接头的焊接。

（2）焊接

1）焊前调试好焊接参数后，在焊件的底端头引弧，正握法操作由下向上焊接，焊枪角度要始终保持 75° ~ 90°，如图 1-2-35 所示。

2）要确保熔深和焊透，如板厚在 6 mm 以上时，焊接过程中运条的方法通常采用挑弧、三角形、反月牙形、锯齿形等，如图 1-2-36 所示。运弧过程中，电弧应达到顶角根部，两侧要有停留时间，中间运弧要快，使熔池成平直状前进，才能避免顶角位焊不透、两侧咬边、熔池下淌等缺陷。

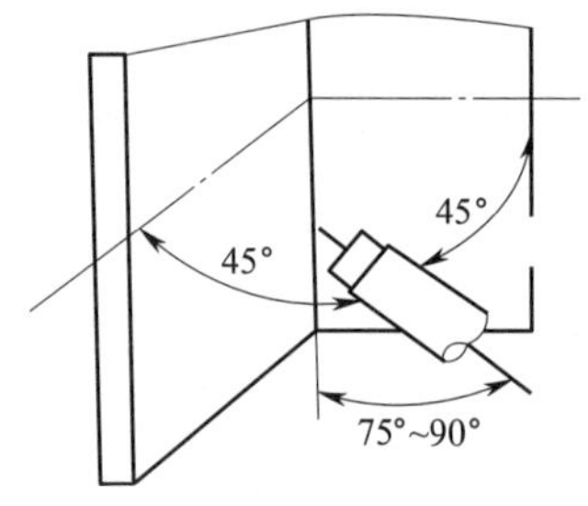

图 1-2-35 立角焊焊枪角度示意图

3）运弧时两边和顶角要有停留时间，中间稍快、两侧停顿是控制熔池形状的关键，如图 1-2-37 所示。焊接过程中要控制好熔池温度和焊缝成形，要保持熔池外侧接近平直或椭圆形，不能凸出来，根据熔池形状和温度随时调整焊枪角度和焊接速度。焊后将焊件的飞溅物、焊渣等清理干净，焊后不得补焊和修磨，要保持焊缝的原始形状。

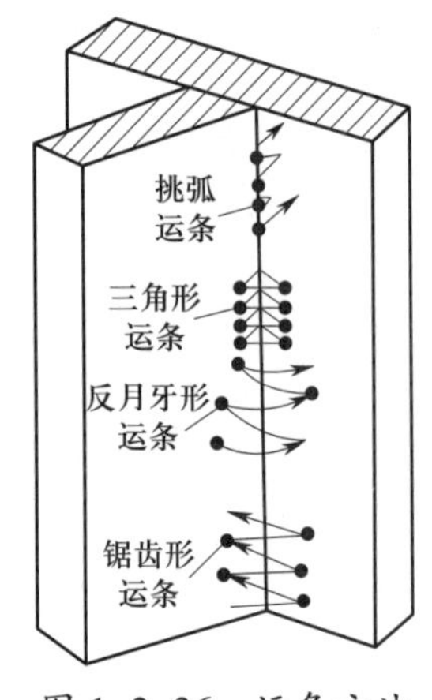

图 1-2-36 运条方法

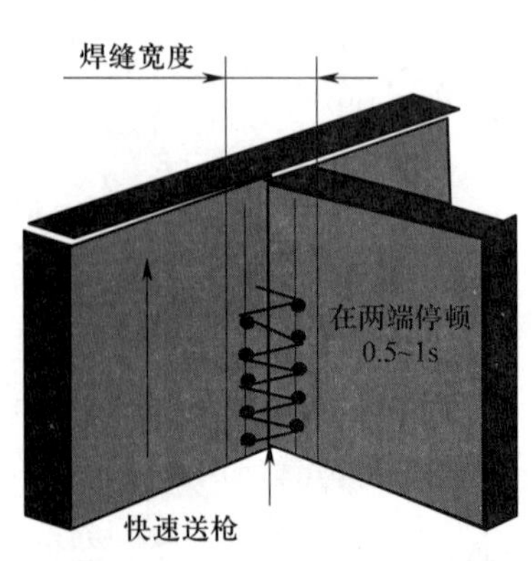

图 1-2-37 焊接停留点示意图

4）根据本次任务的材料厚度，若采用连弧焊法会使焊缝熔池金属下淌，产生焊瘤、焊缝凸度过大、焊缝成形不美观、烧穿、咬边等缺陷，因此要采用断弧点焊的方法进行操作，以保证焊缝成形及焊接质量。焊件如图 1–2–38 所示。

图 1–2–38　立角焊焊件

（3）根据教师讲解或查阅相关资料完成下面问题。

1）立角焊当板厚不同时，焊接电弧应偏向________，正确调整焊枪角度以防止________和________，并保持焊脚尺寸正确。

2）CO_2 气体保护焊时，电弧温度在________℃，电弧光辐射比焊条电弧焊强。

3）CO_2 气体预热器所使用的电压不得高于________V，装有液态 CO_2 的气瓶，满瓶压力为________MPa，焊接用 CO_2 气体的纯度应大于________。

（4）观看教师示范焊接操作 T 形接头立对接焊，并把操作过程中所选用 CO_2 气体保护焊焊接参数填入表 1–2–34 中。

表 1–2–34　　CO_2 气体保护焊 T 形接头立对接焊焊接参数

焊接位置	焊接电流 /A	焊接电压 /V	CO_2 气体流量 /（L · min^{-1}）	焊丝直径 /mm	焊丝干伸长 /mm	运条方法	电感 /H	焊接方法
立角焊								

（5）按照教师示范以及讲解的操作要领进行操作练习，总结在操作过程中，自己哪部分焊得比较好，哪部分焊得不好，以及为什么。

四、焊接检验

1．根据图样要求完成 CO_2 气体保护焊 T 形接头立角焊的操作，并进行自检和互检。

（1）焊接操作完毕后清理焊缝表面，检查焊缝质量，填写表 1-2-35。

表 1-2-35　CO_2 气体保护焊 T 形接头立角焊评分标准

序号	考核内容	检验项目	评分标准	配分	检验结果	得分
1	焊前准备	劳保着装及工具准备齐全，参数设置、设备调试	劳保着装及工具准备不符合要求，参数设置及设备调试不正确，每有一项扣 1 分	5		
2	焊接操作	焊件固定的空间位置符合要求	焊件固定的空间位置超出规定范围不得分	5		
3	焊缝外观	焊脚高度	5 ~ 7 mm，低于 5 mm 大于 7 mm 不得分	10		
		焊脚高度差	0 ~ 2 mm，大于 2 mm 扣 5 分，超过 3 mm 不得分	10		
		焊缝凸凹度	≤ 1 mm，超过不得分	10		
		垂直度	≤ 2°，超过不得分	5		
		咬边	<0.5 mm，累计长度不超 15 mm，超过不得分	10		
		焊缝飞溅清理	不清理该项不得分	5		
		焊缝外观成形	每处缺陷扣 5 分	20		
		气孔	不允许，出现缺陷该项不得分	5		
		焊瘤	不允许，出现缺陷该项不得分	5		
4	其他	焊件电弧划伤	不允许，出现缺陷该项不得分	5		
		安全文明生产	6S 管理，设备复原，工具摆放整齐，清理焊件，打扫场地，关闭电源，每有一处不符合要求扣 1 分	5		

（2）各小组自检本组完成焊件质量，记录小组平均分，再由其他小组检验该组最好及最差的两对焊件质量，取平均分后填入表 1-2-36 并展示。

表 1-2-36　检验结果

类别	小组自检成绩				
编号	焊件 1	焊件 2	……	最高分	最低分
得分					
平均分					

2．每名同学写一份学习小结，字数不少于 200 字。各组派一名代表陈述。

五、子活动学习评价

根据学习过程完成本学习子活动评价。

学习活动评价表

子活动名称：T 形接头立角焊　组名：＿＿＿＿＿　学生姓名：＿＿＿＿＿

<table>
<tr><th colspan="2" rowspan="3">评价项目</th><th rowspan="3">评价内容</th><th colspan="3">评价方式</th><th rowspan="3">权重</th><th rowspan="3">得分小计</th><th rowspan="3">总分</th></tr>
<tr><th>自我评价</th><th>小组评价</th><th>教师评价</th></tr>
<tr><th>10%</th><th>40%</th><th>50%</th></tr>
<tr><td rowspan="5">关键能力</td><td rowspan="3">社会能力</td><td>安全文明操作</td><td></td><td></td><td></td><td>10%</td><td rowspan="3"></td><td rowspan="6"></td></tr>
<tr><td>团队协作能力</td><td></td><td></td><td></td><td>10%</td></tr>
<tr><td>沟通表达能力</td><td></td><td></td><td></td><td>10%</td></tr>
<tr><td rowspan="2">方法能力</td><td>信息处理能力</td><td></td><td></td><td></td><td>10%</td><td rowspan="2"></td></tr>
<tr><td>学习能力</td><td></td><td></td><td></td><td>10%</td></tr>
<tr><td colspan="2">专业能力</td><td>焊接质量</td><td></td><td></td><td></td><td>50%</td><td></td></tr>
<tr><td colspan="2">指导教师综合评价</td><td colspan="7">得分总计：

指导教师签名：　　　　日期：</td></tr>
</table>

子活动 5　学习活动评价

根据学习过程对技能准备活动的全过程进行评价。

学习活动评价表

学习活动名称：技能准备　小组名称：________　组员姓名：________

<table>
<tr><td colspan="2" rowspan="3">评价项目</td><td rowspan="3">评价内容</td><td colspan="2">低碳钢 CO_2 气体保护焊 I 形坡口平对接</td><td colspan="2">低碳钢 CO_2 气体保护焊 I 形坡口立对接</td><td colspan="2">低碳钢 CO_2 气体保护焊 T 形接头平角焊</td><td colspan="2">低碳钢 CO_2 气体保护焊 T 形接头立角焊</td><td rowspan="3">权重</td><td rowspan="3">总分</td></tr>
<tr><td colspan="2">20%</td><td colspan="2">30%</td><td colspan="2">20%</td><td colspan="2">30%</td></tr>
<tr><td>小分</td><td>总分</td><td>小分</td><td>总分</td><td>小分</td><td>总分</td><td>小分</td><td>总分</td></tr>
<tr><td rowspan="5">关键能力</td><td rowspan="3">社会能力</td><td>安全文明操作</td><td></td><td rowspan="3"></td><td></td><td rowspan="3"></td><td></td><td rowspan="3"></td><td></td><td rowspan="3"></td><td>10%</td><td rowspan="6"></td></tr>
<tr><td>团队协作能力</td><td></td><td></td><td></td><td></td><td>10%</td></tr>
<tr><td>沟通表达能力</td><td></td><td></td><td></td><td></td><td>10%</td></tr>
<tr><td rowspan="2">方法能力</td><td>信息处理能力</td><td></td><td rowspan="3"></td><td></td><td rowspan="3"></td><td></td><td rowspan="3"></td><td></td><td rowspan="3"></td><td>10%</td></tr>
<tr><td>学习能力</td><td></td><td></td><td></td><td></td><td>10%</td></tr>
<tr><td colspan="2">专业能力</td><td>焊接质量</td><td></td><td></td><td></td><td></td><td>50%</td></tr>
<tr><td colspan="2">指导教师综合评价</td><td colspan="11">得分总计：

指导教师签名：　　　　　　　　　　日期：</td></tr>
</table>

学习活动3 制 订 计 划

学习目标

1. 能通过技术交底和有效沟通明确料箱的焊接顺序、质量控制关键点、特殊要求、质量检验方法等，确定相应的预防和控制措施。
2. 能根据产品加工流程编写焊接工作计划。
3. 能集体讨论、审定工作计划。
4. 能根据审定意见完善工作计划。
5. 能确定最终的工作计划并实施。

学习活动描述

完成料箱焊接过程中工作计划的制订，听取其他建议并审定、完善本小组制订的工作计划。

总学时：4 学时

子活动与建议学时

子活动 1　工作计划编写　　2 学时
子活动 2　工作计划审定　　1 学时
子活动 3　学习活动评价　　1 学时

子活动 1　工作计划编写

焊接结构从原材料到成品需要经过检验、下料、装配、焊接、检验等诸多环节。完成料箱焊接这一工作任务需要工程技术人员对料箱焊接的各环节做好规划和安排。

学习过程

一、焊接结构生产工艺过程

焊接结构生产工艺过程是指由金属材料（包括板材、型材和其他零部件等）经过一系列加工工序、装配焊接成焊接结构成品的过程。

该过程包括根据生产任务的性质、产品的图样、技术要求和工厂条件，运用现代焊接技术及相应的金属材料加工和保护技术、无损检测技术等来完成焊接结构产品的全部生产过程中的一系列工艺过程。

一般焊接结构生产有八个步骤，如图 1–3–1 所示，分别为生产准备、原材料处理、零件加工、装配、焊接、修整处理、油漆包装、成品入库。不同材料、类型的焊接结构生产工艺过程随着不同企业、设备等生产能力的不同略有差异。

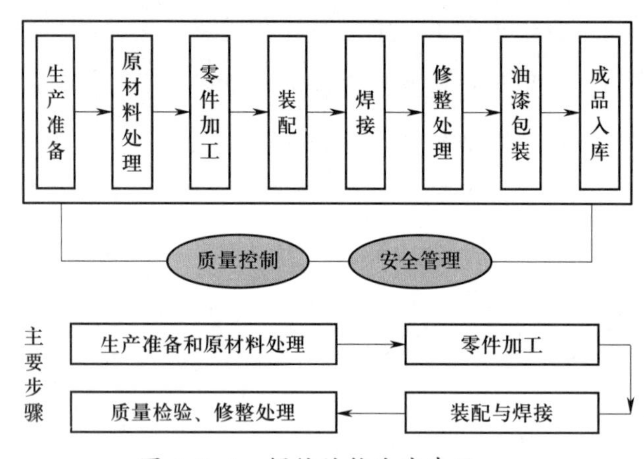

图 1–3–1 焊接结构生产步骤

一般焊接结构生产主要工艺过程如图 1–3–2 所示。

二、查资料回答问题

查阅国家标准《压力容器 第 1 部分：通用要求》（GB/T 150.1—2011），完成下列各题：

1．焊接材料选用原则应根据母材的____________、____________、____________，并结合压力容器的结构特点、____________及焊接方法综合考虑选用焊接材料，必要时通过试验确定。

2．焊缝金属的性能应______________相应母材标准规定值的下限或满足____________________规定的技术要求。

3．相同钢号相焊的焊缝，碳素钢、低合金钢的焊缝金属应保证力学性能，且其抗拉强度不应超过母材标准规定的上限值__________________。

4．不同强度的碳素钢、低合金钢之间的焊缝金属应保证____________，且其抗拉强度不应超过强度较高母材标准规定的____________。

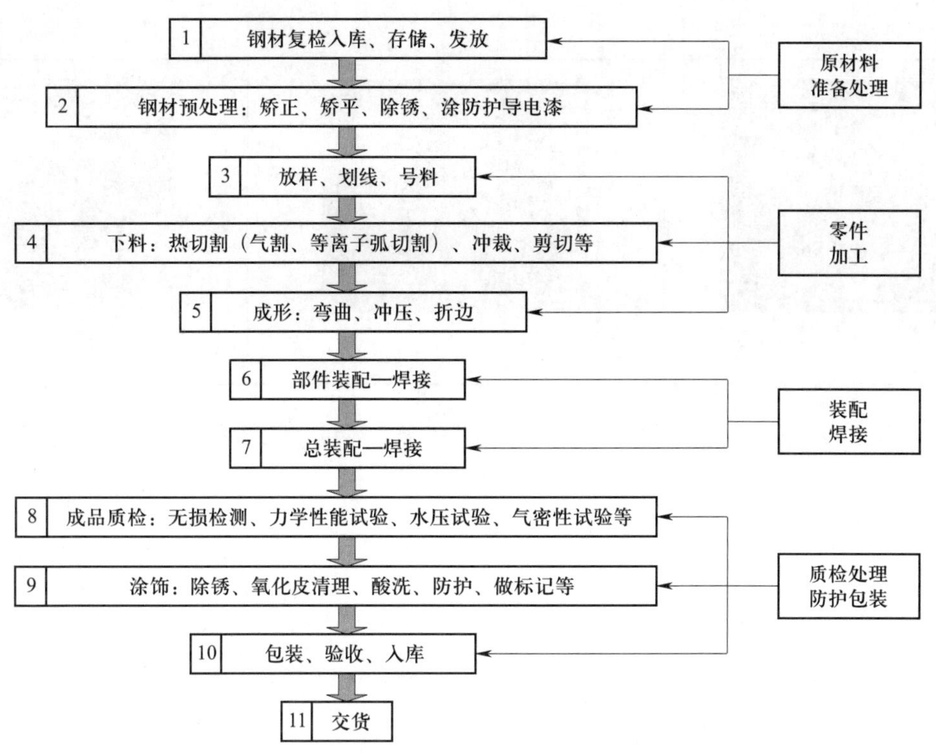

图 1-3-2 焊接结构生产主要工艺过程

5．焊接坡口应根据图样要求或工艺条件选用标准坡口或自行设计。选择坡口形式和尺寸应考虑下列因素：

（1）__________

（2）__________

（3）__________

（4）__________

（5）__________

（6）__________

三、工作计划编写

1．完成表 1-3-1 中图形对应的流程操作名称。

表 1-3-1 流程操作

______	______	______

续表

______	______	______

2．结合前面工艺卡识读、料箱焊接工艺流程和技能准备中的学习情况，完成下述问题，各小组派代表说明理由。

（1）写出完成本学习任务需要的工艺流程。

（2）各小组在完成本任务时需要做好哪些工作?

3．根据料箱焊接加工流程及具体工作内容，各组成员相互交流明确各环节工作要求、负责人和用时，编写小组工作计划（见表 1–3–2）。

表 1–3–2　　料箱焊接工作计划

组名：　　　　日期：　　年　　月　　日

序号	工作内容	工作要求	负责人	用时
1	板材检验	准备测量工具、测量料箱直径和厚度，测 3 次取平均值		20 min
2				
3				
4				
5				
6				
7				

子活动 2　工作计划审定

工作计划审定是对初定计划的审核与确定。对初定计划进行讨论、分析，去除不合理、不正确的内容，优化各小组工作计划。

学习过程

一、展示小组工作计划，阐述编写内容和依据。

二、审定各组计划，分析各组工作计划中存在的问题，提出意见或建议，并填写在表 1–3–3 中。

表 1–3–3　　记录表

组名：　　　　　　日期：　　年　　月　　日

序号	存在问题	修改意见

三、根据各组审定意见和教师点评，对工作计划进行修改完善，并填写在表 1–3–4 中。

表 1–3–4　　料箱焊接工作计划

组名：　　　　　　日期：　　年　　月　　日

序号	工作内容	工作要求	负责人	用时
1	板材检验	准备测量工具、测量料箱直径和厚度，测 3 次取平均值		20 min
2				
3				
4				
5				
6				
7				

子活动 3　学习活动评价

根据学习过程对制订计划活动的全过程进行评价。

学习活动评价表

学习活动名称：制订计划　　小组名称：＿＿＿＿＿＿　　组员姓名：＿＿＿＿＿＿

<table>
<tr><td colspan="2" rowspan="3">评价项目</td><td rowspan="3">评价内容</td><td colspan="3">评价方式</td><td rowspan="3">权重</td><td rowspan="3">得分小计</td><td rowspan="3">总分</td></tr>
<tr><td>自我评价</td><td>小组评价</td><td>教师评价</td></tr>
<tr><td>10%</td><td>40%</td><td>50%</td></tr>
<tr><td rowspan="5">关键能力</td><td rowspan="3">社会能力</td><td>团队协作能力</td><td></td><td></td><td></td><td>20%</td><td rowspan="3"></td><td rowspan="5"></td></tr>
<tr><td>沟通表达能力</td><td></td><td></td><td></td><td>20%</td></tr>
<tr><td>问题解决能力</td><td></td><td></td><td></td><td>20%</td></tr>
<tr><td rowspan="2">方法能力</td><td>信息处理能力</td><td></td><td></td><td></td><td>20%</td><td rowspan="2"></td></tr>
<tr><td>学习能力</td><td></td><td></td><td></td><td>20%</td></tr>
<tr><td colspan="2">指导教师综合评价</td><td colspan="7">得分总计：

指导教师签名：　　　　日期：</td></tr>
</table>

学习活动4　任 务 实 施

学习目标

1. 能根据工作计划完成料箱焊前各项准备工作。
2. 能遵照焊接工艺卡完成料箱的焊接工作。
3. 能根据焊接工艺文件进行料箱装配，确认装配质量符合要求。
4. 能根据料箱的结构和焊接变形特点，确定合理的预防焊接变形措施。
5. 能严格执行焊接工艺文件，熟练运用 CO_2 气体保护焊方法完成料箱焊接。
6. 能解决料箱焊接工作过程中的常见和复杂问题。

学习活动描述

任务实施活动包含焊前准备、装配与焊接、焊后清理和质量自检等环节，是完成料箱焊接任务的关键。

总学时：12 学时

子活动与建议学时

子活动	内容	学时
子活动 1	焊前准备	2 学时
子活动 2	装配与焊接	8 学时
子活动 3	学习活动评价	2 学时

学习准备

资料与材料：工作页、技术标准、技术文件、专业书籍、板材、管材、CO_2 气体保护焊焊丝、焊条、CO_2 气体（纯度≥ 99.5%）等。

设备与工具：计算机、网络、焊条电弧焊设备、焊接辅助工具、CO_2 气体保护焊设备、夹具、通风除尘设备等。

子活动 1　焊 前 准 备

料箱焊前准备主要包括焊接设备、材料、工具和场地准备、焊前安全检查等内容，焊工需要做好焊接的个人安全防护准备，以保障焊接的顺利实施。

学习过程

一、场地准备

1．焊接场地通道应保持畅通，周围的设备、工具及材料应排列整齐。

2．焊工作业面积应不小于________，应保持地面干燥；工作场地要有良好的____________________，以保证工作面的照度达 50 ~ 100 lx。

3．焊接场地周围______________范围内无易燃易爆物品。

4．室内作业应保持通风良好。多点焊接作业或与其他工种混合作业时，各工位间应______________。

5．施焊工作场地的风速应小于 2.0 m/s，超过该风速时应采取防风措施。焊接时为防止弧光伤人，应选择适当场所或在焊机周围加屏蔽板遮光。

6．CO_2 气瓶安装时应当正置和可靠固定。CO_2 气瓶必须放在温度低于 40 ℃的地方。集中送气的检查气阀应处于______________。

7． 焊机应安装在离墙和其他设备至少________ m 以外的地方，确保焊机使用时通风良好；焊机不应安装在____________________________。

二、焊接设备准备

1．检查焊机电源配置____________。开机时应先检查散热系统是否接入，电焊机的冷却____________，能否达到循环散热要求，如图 1–4–1 所示。

2．工作时应检查电焊机是否过热，如果电焊机工作温度达到______________，应停机检查。防止电焊机过热烧毁。

3．如发现电焊机内部有________________，应立即停止使用。

4．严禁利用管道、金属构件、_________、____________代替接地导线作为________________。如果用起重钢丝绳做焊接回路，钢丝绳易产生灼伤，钢丝绳的拉应力将大幅度下降。

5．检查送丝结构中的送丝轮压紧和磨损情况，有问题及时加以调整或更换；推丝式送丝机构要求送丝软管不宜过长（2 ~ 4 m），以确保送丝无阻，如图 1–4–2 所示。

图 1-4-1　焊机

图 1-4-2　送丝机构

三、工具准备

准备活扳手、钢丝刷、敲渣锤、钢直尺、90° 角尺、钢锯条、錾子、锉刀、锤子、尖嘴钳、焊缝检验尺、放大镜等工具。根据表 1-4-1 中工具图示写出工具名称。

表 1-4-1　　工具准备

序号	名称	图示	序号	名称	图示
1		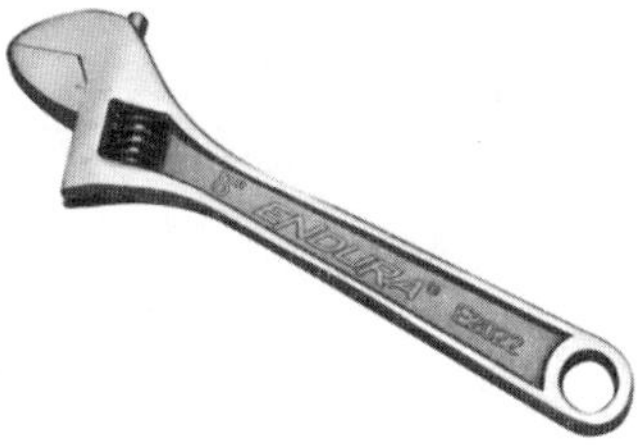	2		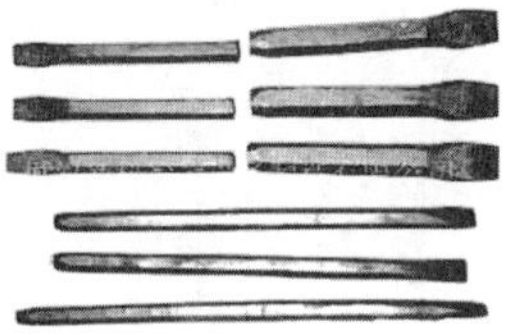
3			4		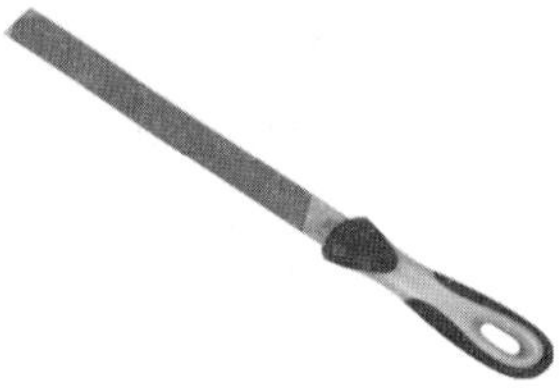
5		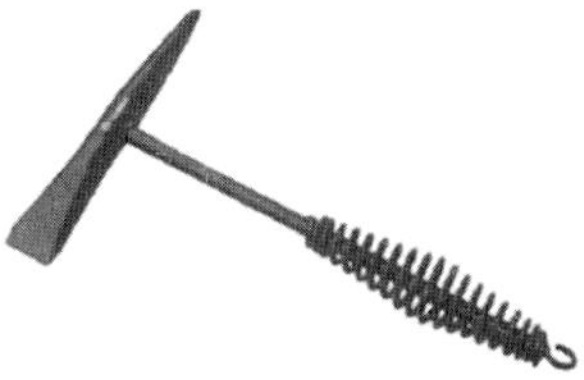	6		

续表

序号	名称	图示	序号	名称	图示
7			8		
9		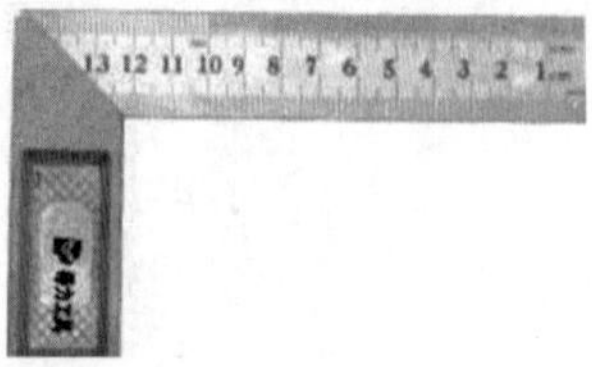	10		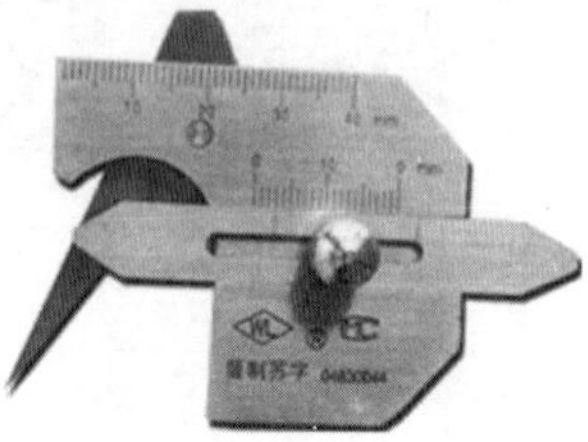
11			12		
13			14		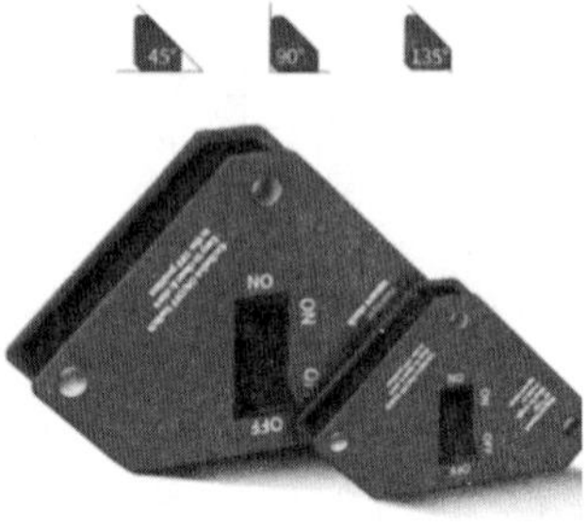

四、焊材准备

1．焊丝型号（牌号）及规格确认

写出焊丝 H08Mn2SiA 的具体含义。

H：

08：

Mn2：

Si：

A：

2．CO_2 气体保护焊焊丝（见图 1-4-3）

焊前对焊丝表面的油、锈等进行清理。

图 1-4-3　焊丝

五、母材准备

1．在进行焊接结构生产装配过程中，必须具备以下三个基本条件：________、________和________。

2．焊接结构生产中，为防止焊接变形，选择合理的装配、焊接顺序很关键，一般分为__________、__________和__________三种。

3． 施焊前坡口两侧管口附近各____________ mm 范围内要打磨干净，焊丝表面不能有油污、锈蚀，以防铁锈、油污等杂质进入熔池影响焊接质量。

拓展阅读

预防和减少焊接变形的方法必须考虑焊接工艺设计以及在焊接时克服冷热循环的变化。收缩无法消除，但可以控制。减少收缩变形的途径有以下几个方面：

1．勿过量焊接

越多的金属填充在焊接点会产生较大的变形力。正确确定焊缝尺寸，不仅能得到较小的焊接变形，还可节省焊接材料和时间。填充焊缝的焊接金属量应最小，焊缝应呈平坦或微凸形，过量的焊接金属不会增加强度，反而会增加收缩力，增加焊接变形。

通常，焊接变形不大时，选择常规的焊接接头最经济；变形量较大时，则应选择合适的接头形式以平衡焊接应力和焊接金属填充量，如图 1-4-4 所示。

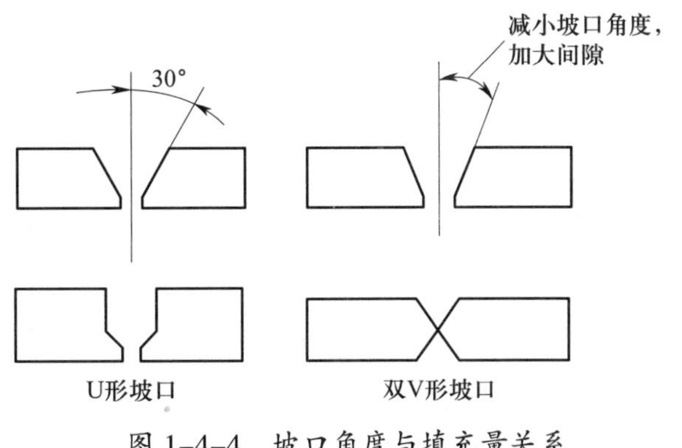

图 1-4-4　坡口角度与填充量关系

2．断续焊缝

另一种减少焊缝填充量的途径是采用断续焊接。如焊接加强板，断续焊接可减少 75% 的焊缝填充量，同时也能保证所需强度，如图 1-4-5 所示。

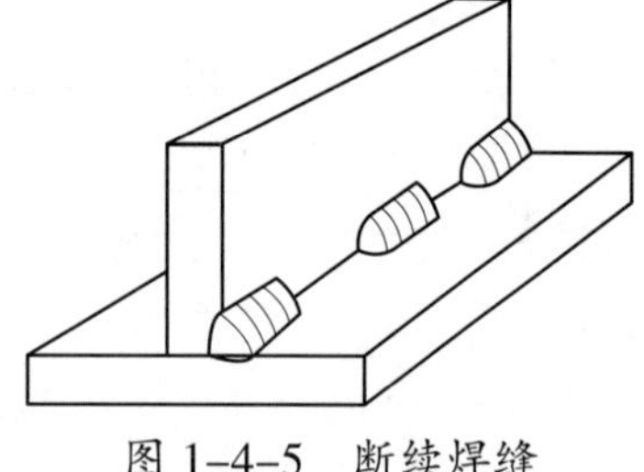

图 1-4-5　断续焊缝

3．减少焊道

采用粗焊丝、少焊道焊接比采用细焊丝、多焊道焊接变形小。多焊道时每一焊道引起的收缩累计增加了焊缝总的收缩。粗焊丝、少焊道焊接工艺比细焊丝、多焊道焊接的工艺效果更好。

注意：采用粗焊丝、少焊道焊接或细焊丝、多焊道焊接工艺要依据材质而定，一般低碳钢、Q355A 等材质适用粗焊丝、少焊道焊接，不锈钢、高碳钢等材质适用细焊丝、多焊道焊接。

4．为了减少焊接变形和残余应力的影响，设计和焊装工件时应注意以下事项：

（1）____________________

（2）____________________

（3）____________________

（4）____________________

（5）____________________

（6）____________________

（7）____________________

（8）____________________

子活动 2　装配与焊接

装配与焊接是料箱焊接中最主要的施工环节。装配质量的高低影响焊接工作能否顺利进行，焊接参数的选用和焊接操作方法决定焊接质量的好坏。

学习过程

一、料箱装配

1．对照料箱焊接工艺卡，将焊接参数填写在表 1-4-2 中。

表 1-4-2　　焊接参数

焊接层次	焊接电流 /A	焊接电压 /V	CO_2 气体流量 /（$L \cdot min^{-1}$）	焊丝直径 /mm	焊丝干伸长 /mm	喷嘴与焊件距离 /mm
一层						

完成表 1–4–3 料箱 CO_2 气体保护焊角焊缝焊接参数。

表 1–4–3　　角焊缝焊接参数

焊接电流 /A	焊接电压 /V	CO_2 气体流量 / ($L \cdot min^{-1}$)	焊丝直径 /mm	喷嘴直径 /mm	焊丝干伸长 /mm	喷嘴与焊件距离 /mm

2. 装配时，严格按照施工工艺卡进行装配焊接，避免产生错位现象。根据焊接工艺卡装配料箱，并检查装配质量，记录错边量和装配间隙值。

3. 定位焊缝焊接完成后清理定位焊缝表面，检查定位焊缝质量，对不合格的定位焊缝进行修补，完成表 1–4–4。

表 1–4–4　　焊缝检验表

序号	检验项目	装配质量要求	检验结果
1	装配间隙	1 ~ 2 mm	
2	错边量	<0.5 mm	
3	变形量	<3°	
4	焊缝外观成形	良好	
5	夹渣	不允许	
6	气孔	不允许	
7	焊瘤	不允许	

二、料箱焊接

1. 调节焊接参数，进行料箱对接焊缝、角焊缝的焊接，各组相互记录焊接时主要的焊接参数，完成表 1–4–5。

表 1–4–5　　焊接参数表

焊接层次		焊丝直径 /mm	焊接电流 /A	电源极性	CO_2 气体流量 /($L \cdot min^{-1}$)	焊接电压 /V
对接焊缝	1					
角焊缝	1					

2. 各小组清理焊缝表面，互相配合，完成焊缝自检，将自检结果记录在表 1–4–6、表 1–4–7 中。

表 1–4–6　　料箱对接焊缝自检记录表

检查项目	检验方法及工具	检查要求	自检检测值	他检检测值
焊缝宽度差	焊缝检验尺和钢直尺	≤ 2 mm		
焊缝余高	焊缝检验尺和钢直尺	1 ~ 3 mm		

续表

检查项目	检验方法及工具	检查要求	自检检测值	他检检测值
焊缝余高差	焊缝检验尺和钢直尺	≤ 2 mm		
咬边	低倍放大镜、钢直尺	无		
夹渣	低倍放大镜	无		
气孔	低倍放大镜	无		
未焊透	低倍放大镜、钢直尺	无		
裂纹	低倍放大镜	无		
焊缝表面成形	低倍放大镜	波纹细腻、均匀美观		
角变形	钢直尺、水平仪	≤ 3°		

表 1–4–7 角焊缝自检记录表

检查项目	检验方法及工具	检查要求	自检检测值	他检检测值
焊脚尺寸	焊缝检验尺和钢直尺	12 ~ 15 mm		
焊缝宽度差	焊缝检验尺和钢直尺	≤ 2 mm		
焊缝凸度	焊缝检验尺和钢直尺	0 ~ 3 mm		
焊缝凸度差	焊缝检验尺和钢直尺	≤ 2 mm		
咬边	低倍放大镜、钢直尺	无		
夹渣	低倍放大镜	无		
气孔	低倍放大镜	无		
未焊透	低倍放大镜、钢直尺	无		
裂纹	低倍放大镜	无		
焊缝表面成形	低倍放大镜	波纹细腻、均匀美观		
角变形	直角尺	≤ 3°		

3．记录料箱焊接过程中出现的质量问题并找出合理的解决方案。

子活动 3　学习活动评价

根据学习过程对任务实施的全过程进行评价。

学习活动评价表

学习活动名称：任务实施　　小组名称：＿＿＿＿＿＿　　组员姓名：＿＿＿＿＿＿

<table>
<tr><th colspan="2" rowspan="3">评价项目</th><th rowspan="3">评价内容</th><th colspan="3">评价方式</th><th rowspan="3">权重</th><th rowspan="3">得分小计</th><th rowspan="3">总分</th></tr>
<tr><th>自我评价</th><th>小组评价</th><th>教师评价</th></tr>
<tr><th>10%</th><th>40%</th><th>50%</th></tr>
<tr><td rowspan="5">关键能力</td><td rowspan="4">社会能力</td><td>安全文明操作</td><td></td><td></td><td></td><td>10%</td><td rowspan="4"></td><td rowspan="7"></td></tr>
<tr><td>团队协作能力</td><td></td><td></td><td></td><td>10%</td></tr>
<tr><td>沟通表达能力</td><td></td><td></td><td></td><td>10%</td></tr>
<tr><td>问题解决能力</td><td></td><td></td><td></td><td>10%</td></tr>
<tr><td>方法能力</td><td>学习能力</td><td></td><td></td><td></td><td>10%</td><td></td></tr>
<tr><td colspan="2" rowspan="2">专业能力</td><td>装配质量</td><td></td><td></td><td></td><td>15%</td><td rowspan="2"></td></tr>
<tr><td>焊接质量</td><td></td><td></td><td></td><td>35%</td></tr>
<tr><td colspan="2">指导教师
综合评价</td><td colspan="7">得分总计：

指导教师签名：　　　　　　　　日期：</td></tr>
</table>

学习活动 5　质量检验与返修

学习目标

1. 能熟知料箱的验收标准。

2. 能正确使用焊缝测量工具进行料箱焊缝外观质量检测并记录数据。

3. 能明确无损检测的常用方法。

学习活动描述

在焊接生产过程中，由于各种原因，往往会在焊接接头区域内产生不符合设计要求的焊接缺陷。焊接缺陷的存在，会直接影响焊接产品的使用性能和安全性，轻则导致产品报废，重则发生安全生产事故。因此要在整个焊接作业中，对焊接区域进行质量检验，对一些不合格的焊接产品进行返修。

总学时：4 学时

子活动与建议学时

子活动 1　质量检验　　1 学时

子活动 2　焊接返修　　2 学时

子活动 3　学习活动评价　　1 学时

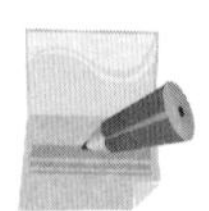

学习准备

资料与材料：工作页、技术标准、技术文件、专业书籍等。

设备与工具：计算机、焊接检验尺、钢直尺、放大镜、渗透探伤工具等。

子活动 1　质 量 检 验

焊接质量检验是发现焊接缺陷、避免发生安全事故的主要措施。根据检验部位，焊接质量检验可分为外观质量检验和内部质量检验。根据是否对接头产生破坏可分为破坏性检验和无损检验。

学习过程

活动简介：对完成焊接的料箱进行焊接检验。

一、焊接缺陷

1．料箱焊接常见的焊接缺陷有________、________、________、________、________、________、________、________等。

2．按照焊接缺陷的位置，焊接缺陷可分为__________和__________两大类。

二、焊接质量检验

1．焊接检验内容包括从图样设计到产品制出整个生产过程中所使用的材料、工具、设备、工艺过程和成品质量的检验，分为三个阶段：________、________、________。

2．根据对产品是否造成损伤，检验方法可分为__________和__________两类。

3．焊缝的外形尺寸一般包括焊缝的外观成形、焊缝的宽度及余高、焊缝的宽度差、焊缝直线度、焊缝表面凹凸差、角焊缝的焊脚尺寸等，焊接接头的__________主要是发现焊缝表面的缺陷和尺寸上的偏差，一般通过肉眼观察，借助__________、__________和__________等工具进行检验。

4．无损检测是指在不损害或不影响被检测对象使用性能，不伤害被检测对象内部组织的前提下，借助现代化的技术和设备器材，对焊缝内部及表面的缺陷进行检查和测试的方法。无损探伤有超声波探伤（UT）、射线探伤（RT）、渗透探伤（PT）、磁粉探伤、涡流探伤等，写出表 1–5–1 中各类缺陷对应的无损探伤方法。

表 1–5–1　《钢结构工程施工质量验收规范》对焊缝的规定

检查等级		Ⅰ	Ⅱ	Ⅲ	Ⅳ	Ⅴ
无损检测要求		100% 检验	≥ 20% 检验	≥ 10% 检验	≥ 5% 检验	不要求
缺陷名称	裂纹 未焊透 未熔合	不允许	不允许	不允许	不允许	不允许
	表面气孔	不允许	不允许	不允许	不允许	不允许

续表

缺陷名称	外露夹渣	不允许	不允许	不允许	不允许	不允许
	未焊熔	不允许	不允许	不允许	不允许	不允许
	咬边	不允许	深度：纵缝不允许。其他焊缝 ≤ $0.05T$ 且 ≤ 0.5 mm；连续长度 ≤ 100 mm，两侧咬边总长度 ≤ 10% 焊缝全长	深度：纵缝不允许。其他焊缝≤ $0.05T$ 且≤ 0.5 mm；连续长度 ≤ 100 mm，两侧咬边总长度 ≤ 10% 焊缝全长	深度：纵缝不允许。其他焊缝 ≤ $0.05T$ 且 ≤ 0.5 mm；连续长度 ≤ 100 mm，两侧咬边总长度 ≤ 10% 焊缝全长	深度：纵缝不允许。其他焊缝≤ $0.1T$ 且≤ 1 mm；长度不限
	根部收缩（根部凹陷）	不允许	深度 ≤ 0.2 mm+$0.02T$ 且≤ 0.5 mm；长度不限	深度 ≤ 0.2 mm+$0.02T$ 且≤ 1 mm；长度不限	深度≤ 0.2 mm+$0.02T$ 且≤ 1 mm；长度不限	深度 ≤ 0.2 mm+$0.04T$ 且 ≤ 2.0 mm；长度不限
	角焊缝厚度不足	不允许	不允许	≤ 0.3 mm+$0.05T$ 且 ≤ 1.0 mm；每 100 mm 焊缝长度内缺陷总长度≤ 25 mm	≤ 0.3 mm +$0.05T$ 且 ≤ 1.0 mm；每 100 mm 焊缝长度内缺陷总长度≤ 25 mm	≤ 0.3 mm+$0.05T$ 且 ≤ 2.0 mm；每 100 mm 焊缝长度内缺陷总长度≤ 25 mm
	角焊缝焊脚不对称	差值 ≤ 1 mm+$0.1t$	差值 ≤ 1 mm+$0.15t$	差值 ≤ 1mm+$0.15t$	差值 ≤ 1mm+$0.15t$	差值 ≤ 2 mm+$0.5t$

注：焊缝的检查等级划分为Ⅰ、Ⅱ、Ⅲ、Ⅳ、Ⅴ五个等级。

5．GB 50205—2020《钢结构工程施工质量验收标准》对焊缝的规定见表 1-5-1。

三、气密性检验

气密性检验是较为常见的一种检验方法，需用气密性检测仪，它是专门应用于对腔体机械产品进行密封性检测的装置。主要用于汽车发动机、变速箱、车桥、水箱、油箱等对容腔有密封要求的生产中。气密性检测仪采用嵌入式控制的智能化设计，可自动完成测试程序，并对检验结果进行自动判别。

1．气密性检验的原则

让装置和附加的液体（一般指水）构成封闭的整体，通过改变这个整体的温度，导致其压力的变化，来判断气密性好坏。由于装置不同，检验方法也有所不同。

2．气密性检验的主要方法

（1）升高温度法

升高气体发生装置体系内气体的温度，可以临时增大其压力，从而使这个整体部分空气外逸（在液体处可观察到有气泡放出），当温度恢复到初始温度时，整体压力减小，导致浸没在水中的导气管内倒吸有一段水柱。对于一些制取气体量较小的装置，可采用手握法，把导管的一端浸在水里，两手紧贴容器（试管）的外壁，如果装置不漏气，里面的空气受热膨胀，导管口有气泡放出，手移开后，导气管内水柱上升，且较长时间不回落，说明装置气密性良好。如果装置漏气须找出原因，进行调整、修理或更换，然后才能进行实验。

如果环境温度与人体的温度接近，用手握法改变不了这个整体的温度及压力，现象就不明显，应该采用微热法。用酒精灯在容器（可以用酒精灯直接或间接加热的容器）底部微微加热，或把容器浸在热水中，如果水中有气泡放出，停止加热后，导管内有一段水柱，且在一段时间内不回落，说明装置气密性良好。

（2）折叠液面差法

用止气夹夹住橡胶导管部分，向长颈漏斗中加水，使之下端浸在水中，继续加水形成一段水柱，产生高度差，在一段时间内水柱不发生回落，说明气密性良好。

四、焊缝外观质量要求（见表 1–5–2）

表 1–5–2 焊缝外观质量要求 mm

母材厚度 T		≤ 6	6 ～ 13	13 ～ 25	25 ～ 50	50
检查等级	Ⅰ	≤ 1.5	≤ 1.5	≤ 3.0	≤ 3.0	≤ 4.0
	Ⅱ、Ⅲ、Ⅳ	≤ 1.5	≤ 3.0	≤ 4.0	≤ 5.0	—
	Ⅴ	≤ 2.0	≤ 4.0	≤ 5.0	≤ 5.0	—

检查数量：全部检查。

检测方法：用眼观察检查和用直尺、检验尺测量。

五、焊缝外观检查

1．检查要求

1）应进行外观检查，检查前应将熔渣、飞溅等清理干净。

2）焊缝的表面及热影响区，不得有裂纹、气孔、夹渣、弧坑或未焊满等缺陷。

2．班级组建质量检查组查阅标准，并对料箱的焊缝进行相应项目检测并记录检测数据（见表 1–5–3）。

表 1–5–3 板对接焊缝检查记录表

检查项目	检验方法及工具	检查要求	检测值	处置措施
焊脚尺寸	焊缝检验尺和钢直尺	12 ～ 15 mm		
焊缝宽度差	焊缝检验尺和钢直尺	≤ 2 mm		
焊缝凸度	焊缝检验尺和钢直尺	0 ～ 3 mm		
焊缝凸度差	焊缝检验尺和钢直尺	≤ 2 mm		
咬边	低倍放大镜、钢直尺	无		
夹渣	低倍放大镜	无		
气孔	低倍放大镜	无		

续表

检查项目	检验方法及工具	检查要求	检测值	处置措施
未焊透	低倍放大镜、钢直尺	无		
裂纹	低倍放大镜	无		
焊缝表面成形	低倍放大镜	波纹细腻、均匀美观		
角变形	90° 角尺	≤ 3°		

3．根据板对接外观检验的结果，该焊缝焊接质量最终结果为________级。

子活动 2　焊 接 返 修

焊接缺陷的存在不仅影响外观，也影响产品使用，留下安全隐患。因此必须将不符合要求的焊接缺陷进行清除、焊补，使之达到质量要求。

学习过程

在焊接生产过程中，由于焊工操作技能、焊接参数、焊接材料的选用等方面因素的影响，往往会在焊接接头区域内产生不符合设计要求的焊接缺陷。焊接缺陷的存在会直接影响焊接产品的使用性能和安全性，轻则导致产品报废，重则发生安全生产事故。因此，对于焊接检验过程中发现的缺陷应根据不同情形区别处理。

焊接缺陷返修有接受任务、返修准备、返修和检验等工作环节。

一、返修通知单

料箱焊接完成之后，由检验人员进行无损检测，如发现超出标准要求的缺陷后，由检验人员填写返修通知单，通知焊接人员进行焊缝返修，下面是假定料箱具有超标的焊接缺陷，由检验人员下发的返修通知单。

<table>
<tr><td colspan="6">焊缝返修通知单</td><td colspan="2" rowspan="2">编号：FX118
返修次数：0
签发人：</td></tr>
<tr><td>产品名称</td><td colspan="2">料箱</td><td>产品编号</td><td colspan="2">007</td></tr>
<tr><td>材质牌号</td><td colspan="2">施焊单位</td><td>厚度 /mm</td><td>焊工代号</td><td colspan="2">无损检测方法</td><td>焊接方法</td></tr>
<tr><td>Q235</td><td colspan="2">× × 工程处</td><td>5</td><td>HG008</td><td colspan="2">外观检验</td><td>111、135</td></tr>
<tr><td rowspan="3">缺陷部位</td><td>编号</td><td>缺陷长度</td><td>缺陷性质</td><td>缺陷位置</td><td>评定级别</td><td>检测日期</td><td>返修次数</td></tr>
<tr><td>1</td><td>5 mm</td><td>条型缺陷</td><td>2 段 5 号</td><td>Ⅳ级</td><td></td><td>0</td></tr>
<tr><td></td><td></td><td></td><td></td><td></td><td></td><td></td></tr>
</table>

续表

<table>
<tr><td>缺陷核实情况返修意见</td><td colspan="4">经核实存在缺陷，用砂轮机打磨，至缺陷清除，按制订返修工艺进行返修。
核实者（签字）：__________
日　　期：__________</td><td>焊接负责人审批</td><td colspan="3">同意返修
审批（签字）：__________
日　　期：__________</td></tr>
<tr><td rowspan="11">返修工艺</td><td rowspan="2">焊层</td><td rowspan="2">焊接方法</td><td colspan="2">焊接材料</td><td rowspan="2">焊接电流 /A</td><td rowspan="2">焊接电压 /V</td><td rowspan="2">焊接速度 /（mm · min^{-1}）</td><td rowspan="11">返修自检结果：
返修焊工姓名：
返修焊工代号：
返修日期：
自检签字：</td></tr>
<tr><td>牌号</td><td>规格 /mm</td></tr>
<tr><td></td><td></td><td></td><td></td><td></td><td></td><td></td></tr>
<tr><td></td><td></td><td></td><td></td><td></td><td></td><td></td></tr>
<tr><td></td><td></td><td></td><td></td><td></td><td></td><td></td></tr>
<tr><td></td><td></td><td></td><td></td><td></td><td></td><td></td></tr>
<tr><td></td><td></td><td></td><td></td><td></td><td></td><td></td></tr>
<tr><td></td><td></td><td></td><td></td><td></td><td></td><td></td></tr>
<tr><td></td><td></td><td></td><td></td><td></td><td></td><td></td></tr>
<tr><td></td><td></td><td></td><td></td><td></td><td></td><td></td></tr>
<tr><td></td><td></td><td></td><td></td><td></td><td></td><td></td></tr>
<tr><td rowspan="7">施焊记录</td><td></td><td></td><td></td><td></td><td></td><td></td><td></td><td rowspan="7">专检检验结果：
专检人员签字：
日期：</td></tr>
<tr><td></td><td></td><td></td><td></td><td></td><td></td><td></td></tr>
<tr><td></td><td></td><td></td><td></td><td></td><td></td><td></td></tr>
<tr><td></td><td></td><td></td><td></td><td></td><td></td><td></td></tr>
<tr><td></td><td></td><td></td><td></td><td></td><td></td><td></td></tr>
<tr><td></td><td></td><td></td><td></td><td></td><td></td><td></td></tr>
<tr><td></td><td></td><td></td><td></td><td></td><td></td><td></td></tr>
<tr><td colspan="9">返修流转程序：
一次、二次返修：探伤室—检验员—生产车间—焊接工艺员—焊接负责人—焊接工艺员—生产车间—检验员—探伤；
三次返修：探伤室—检验员—焊接工艺员—焊接负责人—质量工程师—焊接负责人—焊接工艺—生产车间—检验员—探伤—归档。</td></tr>
</table>

二、制定返修工艺

1．根据返修通知单提供的缺陷信息，以及上述缺陷可能产生的原因，假如你是焊接工艺人员，以小组为单位进行讨论，完成返修通知单上的返修工艺。

2．分析缺陷产生的原因，以避免该类缺陷的产生，并阐述可采取哪些焊接工艺措施。

3．假如你是负责返修工作的焊工，写出返修前你需要做的准备事项。

三、焊缝返修

1．清除缺陷，根据返修通知单上的缺陷部位，可以采用________、________及________等工具。缺陷清除后，必须将坡口内的铁屑、熔渣及灰尘清除掉。

2．根据制订好的返修工艺，进行焊缝返修，由小组检验人员填写返修通知单上的施焊记录。

四、检验

1．各小组返修完成后，由小组检验人员，填写表 1–5–4。

表 1–5–4　对接焊缝自检记录表

检查项目	检验方法及工具	检查要求	检测值
焊缝宽度差	焊缝检验尺和钢直尺	≤ 2 mm	
焊缝余高	焊缝检验尺和钢直尺	1 ～ 3 mm	
焊缝余高差	焊缝检验尺和钢直尺	≤ 2 mm	
咬边	低倍放大镜、钢直尺	无	
夹渣	低倍放大镜	无	
气孔	低倍放大镜	无	
未焊透	低倍放大镜、钢直尺	无	
裂纹	低倍放大镜	无	
焊缝表面成形	低倍放大镜	波纹细腻、均匀美观	
角变形	钢直尺	≤ 3°	

2．记录缺陷返修焊接过程中出现的质量问题并找出合理的解决方案。

质量问题	解决方案

3．根据返修工作流程，填写流转单，将工件交下一流程。

子活动 3　学习活动评价

根据学习过程对焊接质量检验与返修活动的全过程进行评价。

学习活动评价表

子活动名称：质量检验与返修　　组名：＿＿＿＿＿　　学生姓名：＿＿＿＿＿

<table>
<tr><th colspan="2" rowspan="3">评价项目</th><th rowspan="3">评价内容</th><th colspan="3">评价方式</th><th rowspan="3">权重</th><th rowspan="3">得分小计</th><th rowspan="3">总分</th></tr>
<tr><th>自我评价</th><th>小组评价</th><th>教师评价</th></tr>
<tr><th>10%</th><th>40%</th><th>50%</th></tr>
<tr><td rowspan="5">关键能力</td><td rowspan="3">社会能力</td><td>团队协作能力</td><td></td><td></td><td></td><td>10%</td><td rowspan="3"></td><td rowspan="7"></td></tr>
<tr><td>沟通表达能力</td><td></td><td></td><td></td><td>10%</td></tr>
<tr><td>问题解决能力</td><td></td><td></td><td></td><td>10%</td></tr>
<tr><td rowspan="2">方法能力</td><td>信息处理能力</td><td></td><td></td><td></td><td>10%</td><td rowspan="2"></td></tr>
<tr><td>学习能力</td><td></td><td></td><td></td><td>10%</td></tr>
<tr><td colspan="2" rowspan="2">专业能力</td><td>质量检验能力</td><td></td><td></td><td></td><td>25%</td><td></td></tr>
<tr><td>缺陷返修能力</td><td></td><td></td><td></td><td>25%</td><td></td></tr>
<tr><td colspan="2">指导教师综合评价</td><td colspan="7">得分总计：

指导教师签名：　　　　　　日期：</td></tr>
</table>

学习活动 6　总结与评价

学习目标

1. 通过对整个工作过程的叙述，培养良好的表达能力。

2. 通过成果展示，培养良好的专业能力、社会能力和方法能力。

3. 帮助学生反思工作过程中存在的不足，为今后的工作积累经验。

学习活动描述

对整个工作进行总结并将自己的工作成果进行展示。

总学时：2 学时

子活动与建议学时

子活动 1　工作总结　　1 学时

子活动 2　学习活动评价　　1 学时

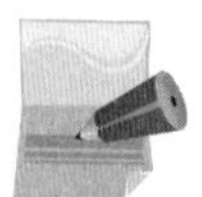

学习准备

资料与材料：工作页、技术标准、技术文件、专业书籍等。

设备与工具：计算机、展示板等。

子活动 1　工 作 总 结

在完成料箱焊接的过程中，有个人知识的增长和技能的提升，也有交流能力、团队精神等方面的培养。

总结学习过程中的得失，展示真实的自我。

学习过程

一、小组成员做 PPT，汇报本组工作收获及创新工作情况。并将汇报主要内容书写在下列空白处。

二、结合各个小组汇报展示情况，反思本组工作过程，填写表 1–6–1。

表 1–6–1　　小组汇报展示

内容名称	做得好的方面	存在的问题及原因分析	解决方法	备注
明确工作任务				
技能准备				
制订计划				
任务实施				
检验与返修				
小组心得体会				

三、每名同学写一份工作总结，字数不少于 500 字。

子活动 2　学习任务评价

料箱任务包含明确任务、技能准备、制订计划、任务实施、焊接质量检验与返修等学习活动，做好学习任务评价可以更加清楚地认识自己。

学习过程

一、完成学习任务评价表

学习任务评价表

学习任务名称：总结与评价　小组名称：__________　组员姓名：__________

评价项目		评价内容	明确任务		技能准备		制订计划		任务实施		检验返修		权重	总分
			20%		20%		20%		30%		10%			
			小分	总分	小分	总分	小分	总分	小分	总分	小分	总分		
关键能力	社会能力	安全文明操作											10%	
		团队协作能力											10%	
		沟通表达能力											10%	
	方法能力	信息处理能力											10%	
		学习能力											10%	

续表

评价项目	评价内容	明确任务		技能准备		制订计划		任务实施		检验返修		权重	总分
		20%		20%		20%		30%		10%			
		小分	总分	小分	总分	小分	总分	小分	总分	小分	总分		
专业能力	读图能力											10%	
	焊接基础技能											15%	
	管道焊接质量											15%	
	检验与返修能力											10%	
指导教师综合评价		得分总计： 指导教师签名： 日期：											

二、根据学习任务评价结果，写一篇专业能力和关键能力学习提高计划，字数不少于200字。

学习任务二　水 箱 焊 接

学习目标

1. 能根据工艺卡制定常压容器的施工步骤。

2. 能根据工艺卡，识读水箱的图样和技术要求，能描述常压容器制造所用低合金钢的牌号、性能、焊接性。

3. 能用低碳钢、低合金钢焊接性知识，选择焊接材料、焊接参数并分析它对焊接接头的影响。

4. 能通过技术交底和有效沟通，明确压力容器的焊接方法、焊接顺序、质量控制关键点、特殊要求、质量检验方法等，并确定相应的预防和控制措施。

5. 能按要求使用设备和工具，严格执行工艺文件，运用焊接操作技能，完成焊接作业，焊接过程中能采取有效措施预防和减少焊接缺陷。

6. 能够掌握板材、管板单面焊双面成形焊接的技术要求及操作要领，完成打底、填充、盖面焊操作。

7. 能对设备和工具等进行日常维护和保养。

8. 能按要求进行焊接接头的清理、自检，能填写自检记录表。

建议学时

200 学时

工作流程与活动

学习活动 1	明确工作任务	4 学时
学习活动 2	技能准备	142 学时
学习活动 3	制订计划	10 学时
学习活动 4	任务实施	34 学时
学习活动 5	质量检验与返修	6 学时
学习活动 6	总结与评价	4 学时

学习活动 1　明确工作任务

学习目标

1. 能通过生产派工单，准确概括、复述任务内容及要求。
2. 能识读水箱的图样和技术要求。
3. 能描述供水箱焊接所用材料的牌号、性能、焊接性。
4. 能根据工艺卡制定水箱的施工步骤。
5. 能根据图样要求，明确图上标注的焊缝符号及其含义。
6. 能根据工艺卡，选择焊接材料、焊接参数，分析其对焊接接头的影响。

学习活动描述

明确工作任务是完成水箱焊接工作的第一步。通过识读工艺文件明确水箱的材料、规格，焊接方法和技术要求。

总学时：4 学时

子活动与建议学时

子活动 1　水箱容器工艺文件识读　　　　2 学时

子活动 2　学习活动评价　　　　　　　　2 学时

学习准备

资料与材料：工作页、技术标准、技术文件、专业书籍、管材等。

设备与工具：计算机等。

子活动 1　水箱容器工艺文件识读

水箱焊接工艺文件包括任务单、图样、焊接工艺规程（焊接工艺卡）等，上面记述了任务要求、生产设备、焊接方法和焊接参数、施工人员资质等内容。

学习过程

一、水箱焊接工艺文件

1．水箱任务单（见表 2–1–1）

阅读下面的生产派工单，按照生产派工单提供的基本信息，查阅相关资料，明确工作任务的内容和要求。并随着学习活动的展开，逐项填写生产派工单中的空白项目内容，完成学习任务。

表 2–1–1　　　　生产派工单

开单部门：________________　开单人：________

开单时间：_____年_____月_____日_____时_____分

接单人：_____小组_____（签名）

<table>
<tr><td>任务名称</td><td>水箱焊接</td><td>完成工时</td><td>360 h</td></tr>
<tr><td>技术要求</td><td colspan="3">1．要求所有焊缝的错边量小于 1 mm。
2．所有板材组成的角焊缝采用平角焊。
3．零部件应进行表面质量及尺寸检验，符合图样要求；在坡口及坡口边缘内外侧各 20 mm 范围内，将油污、锈垢、氧化皮清除，直至呈现金属光泽。
4．构件装配尺寸符合图样要求。
5．焊接工艺符合金属钢结构焊接国家标准或行业标准，焊缝不允许有裂纹、未熔合、气孔、夹渣等缺陷，符合焊接检验要求。</td></tr>
<tr><td>领取材料</td><td>8 mm 钢板、ϕ60 mm×4 mm 两钢管，材质 Q235。焊丝：ER50–6，直径 ϕ1.0 mm、ϕ1.2 mm 两种规格；焊条：E5015，直径为 ϕ2.5 mm、ϕ3.2 mm 两种规格。</td><td rowspan="2">成本核算</td><td rowspan="2">金额合计：

仓管员（签名）

年　月　日</td></tr>
<tr><td>领用工具</td><td>1．面罩、角磨机。
2．护目镜、通针、活扳手、钢丝钳、点火枪、钢丝刷、焊接检验尺、直角尺、钢直尺、画笔、锤子、錾子等。
3．焊条电弧焊设备、CO_2 气体保护焊设备。</td></tr>
<tr><td>操作者检测</td><td></td><td colspan="2">（签名）

年　月　日</td></tr>
</table>

续表

班组 检测		（签名） 年　月　日
质量员 检测		（签名） 年　月　日

2．水箱及零件图样（见图 2-1-1 ~图 2-1-5）

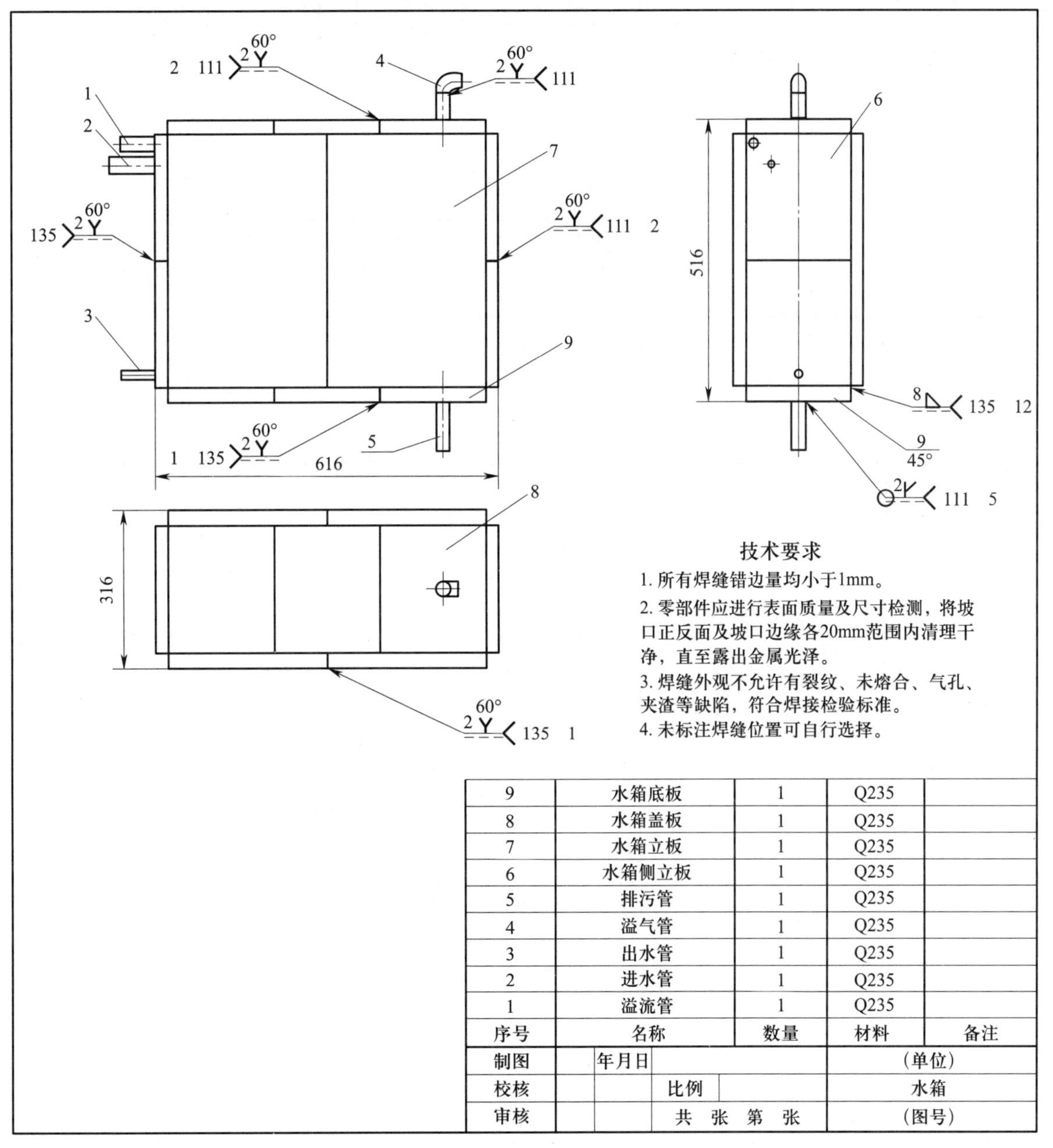

序号	名称	数量	材料	备注
9	水箱底板	1	Q235	
8	水箱盖板	1	Q235	
7	水箱立板	1	Q235	
6	水箱侧立板	1	Q235	
5	排污管	1	Q235	
4	溢气管	1	Q235	
3	出水管	1	Q235	
2	进水管	1	Q235	
1	溢流管	1	Q235	

制图		年月日		（单位）
校核			比例	水箱
审核			共　张　第　张	（图号）

图 2-1-1　水箱图样

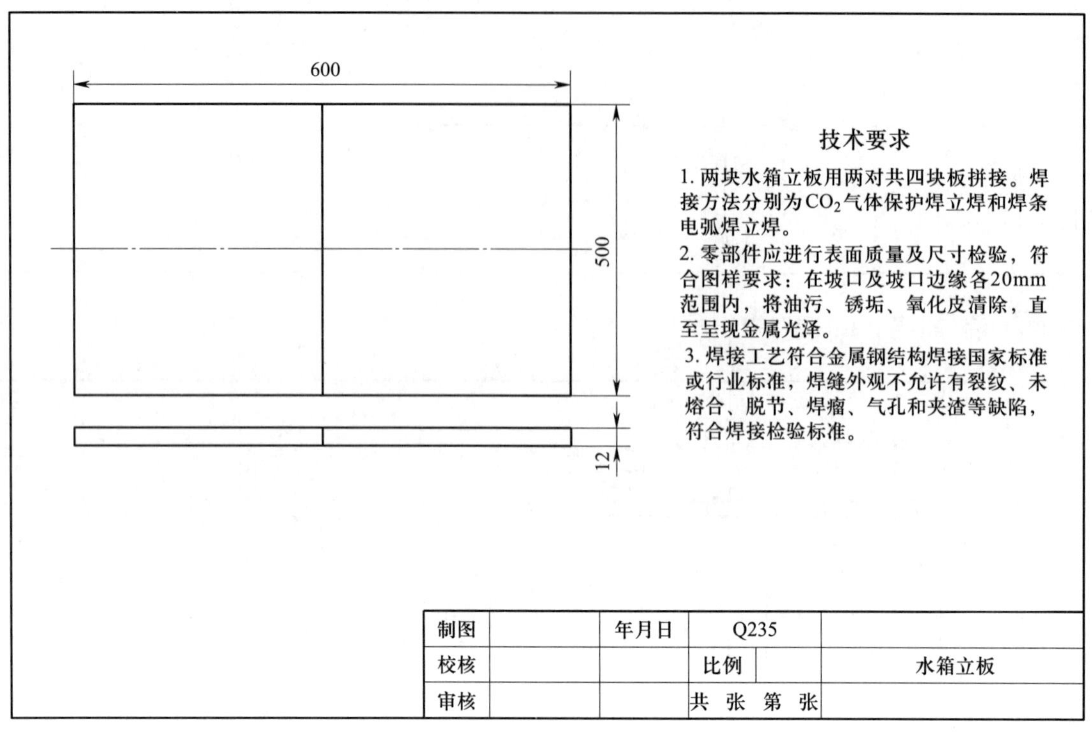

图 2–1–2　水箱立板零件图样

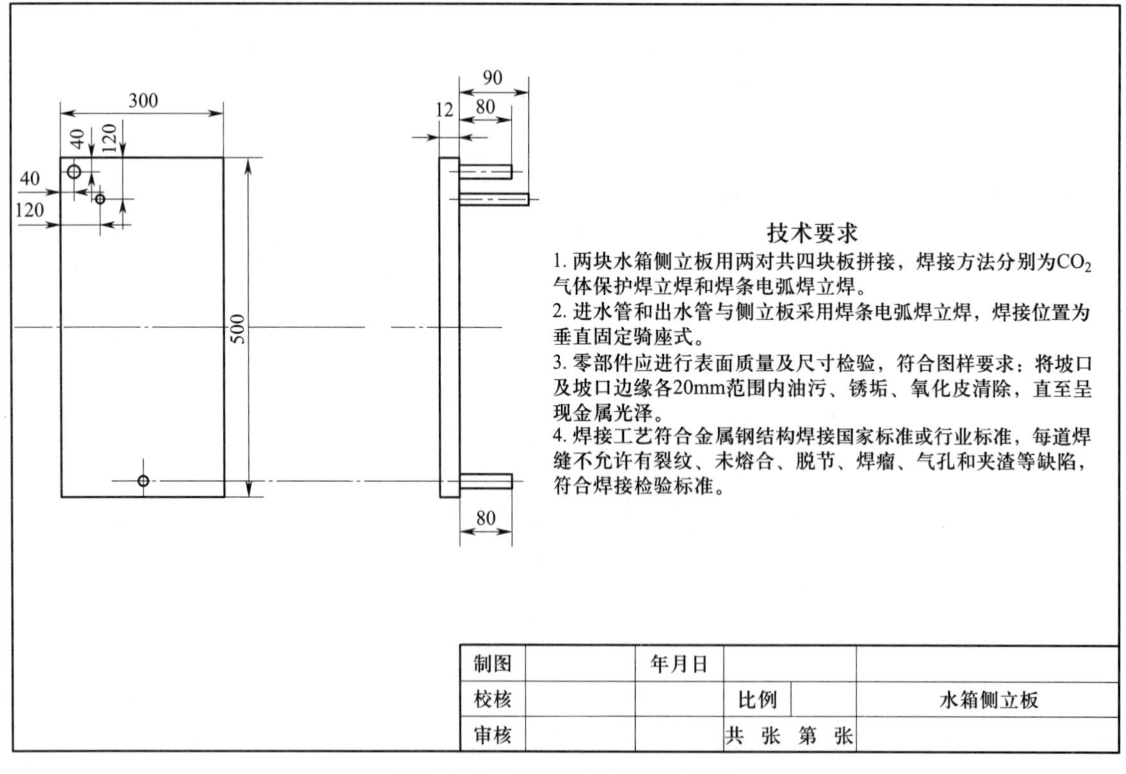

图 2–1–3　水箱侧立板零件图样

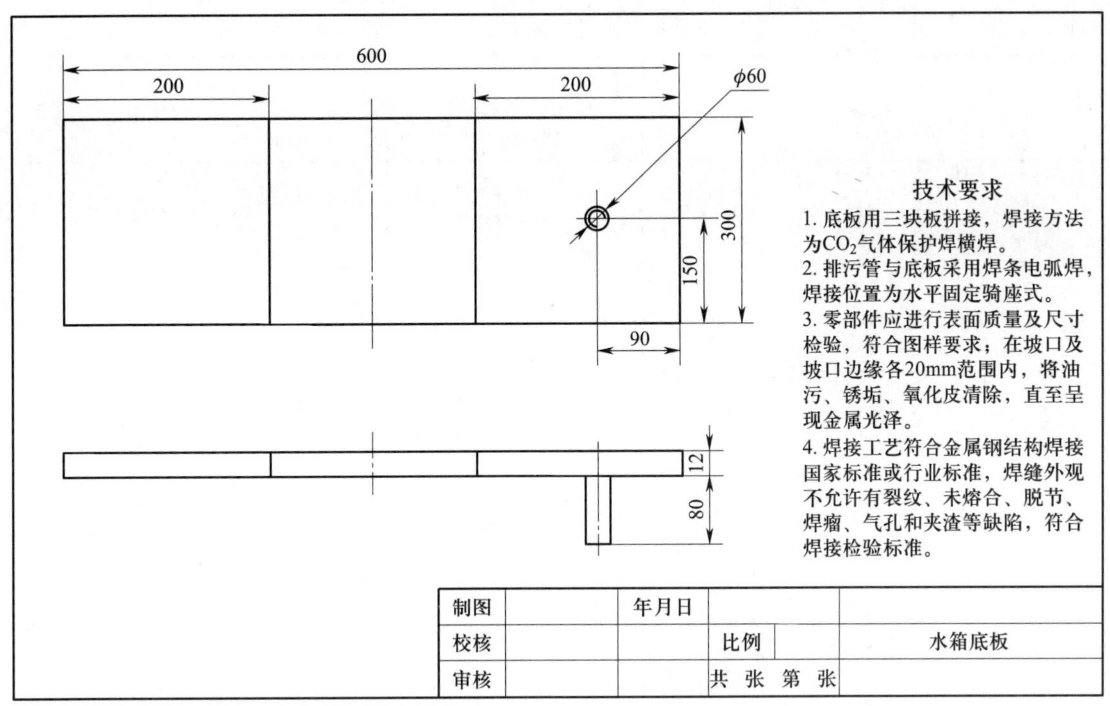

图 2-1-4　水箱底板零件图样

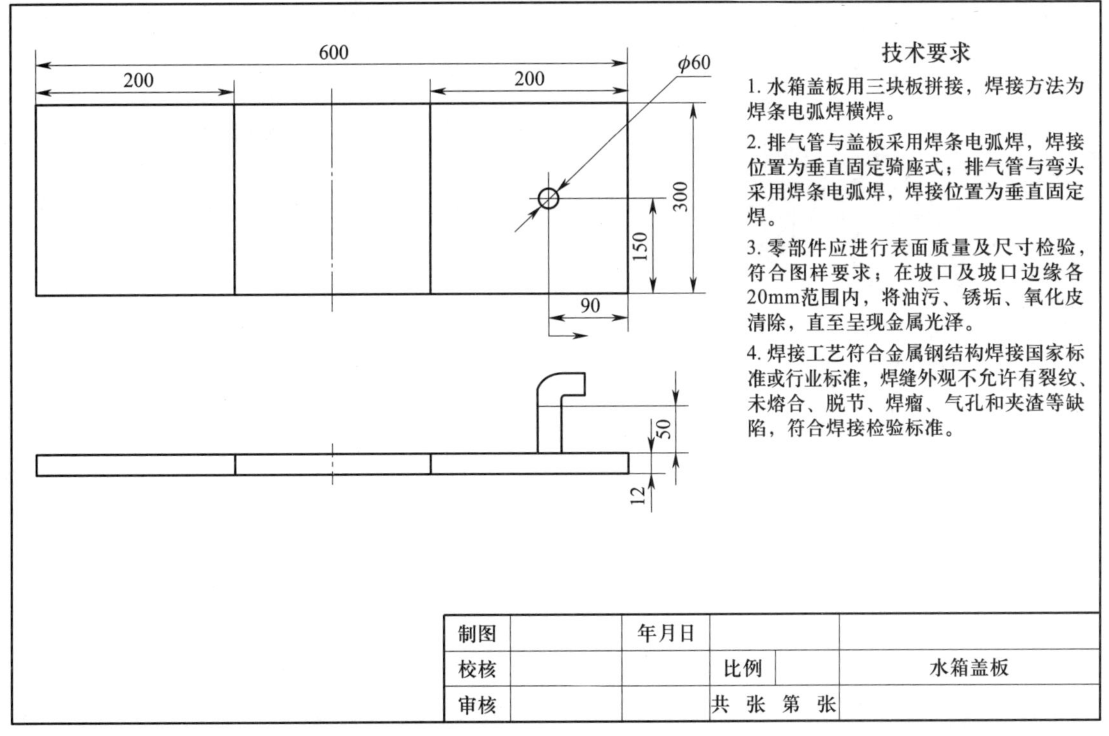

图 2-1-5　水箱盖板零件图样

3．水箱焊接工艺卡见表 2-1-2 ~表 2-1-7。

表 2-1-2　　水箱零件图样焊接工艺卡（1）

工程名称	水箱			工艺卡编号	01		
材质	Q235	规格	12 mm	焊接方法	焊条电弧焊（SMAW）	焊接位置	2G
成形工艺	单面焊双面成形		无损检测	外观检验		合格等级	Ⅱ级焊缝
焊接参数	层数	焊接方法	焊材及规格	电源极性	焊接电流/A	焊接电压/V	焊接速度/（mm·min^{-1}）
	1	焊条电弧焊（SMAW）	E5015、ϕ3.2 mm	直流反接	110 ~ 120	18 ~ 20	50 ~ 100
	2	焊条电弧焊（SMAW）	E5015、ϕ3.2 mm	直流反接	110 ~ 130	20 ~ 21	120 ~ 180
	3	焊条电弧焊（SMAW）	E5015、ϕ3.2 mm	直流反接	110 ~ 130	20 ~ 21	120 ~ 180
坡口尺寸及熔敷图	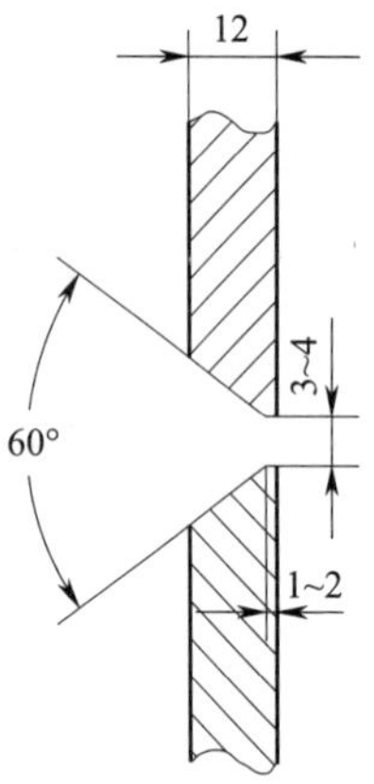 12　3~4　60°　1~2			技术要求	1．将坡口及坡口边缘各 20 mm 范围内的油污、锈垢、氧化皮清除，直至呈现金属光泽。 2．焊缝余高 1 ~ 3 mm。 3．注意根部焊透。 4．焊缝外观不允许有裂纹、未熔合、接头不良、焊偏、焊瘤、气孔、夹渣等缺陷。 5．尺寸符合图样要求。		

表 2-1-3　　焊接工艺卡（2）

工程名称	水箱			工艺卡编号	02		
材质	Q235	规格	12 mm	焊接方法	CO_2气体保护焊	焊接位置	3G
成形工艺	单面焊双面成形		无损检测	外观检验		合格等级	Ⅱ级焊缝

续表

<table>
<tr><td rowspan="4">焊接参数</td><td>层数</td><td>焊接方法</td><td>焊材
及规格</td><td>电源
极性</td><td>焊接
电流 /A</td><td>焊接
电压 /V</td><td>焊丝
干伸长 /mm</td><td>CO_2 气体
流量 /($L \cdot min^{-1}$)</td></tr>
<tr><td>1</td><td>CO_2 气体
保护焊</td><td>ER50–6、
ϕ 1.2 mm</td><td>直流
反接</td><td>80 ~ 95</td><td>18 ~ 20</td><td>10 ~ 14</td><td>10 ~ 15</td></tr>
<tr><td>2</td><td>CO_2 气体
保护焊</td><td>ER50–6、
ϕ 1.2 mm</td><td>直流
反接</td><td>100 ~ 110</td><td>18 ~ 21</td><td>10 ~ 14</td><td>10 ~ 15</td></tr>
<tr><td>3</td><td>CO_2 气体
保护焊</td><td>ER50–6、
ϕ 1.2 mm</td><td>直流
反接</td><td>100 ~ 110</td><td>18 ~ 21</td><td>10 ~ 14</td><td>10 ~ 15</td></tr>
<tr><td>坡口
尺寸及
熔敷图</td><td colspan="4"></td><td>技
术
要
求</td><td colspan="3">1. 将坡口及坡口边缘各 20 mm 范围内的油污、锈垢、氧化皮清除，直至呈现金属光泽。
2. 焊缝余高 1 ~ 3 mm。
3. 注意根部焊透。
4. 焊缝外观不允许有裂纹、未熔合、接头不良、焊偏、焊瘤、气孔、夹渣等缺陷。
5. 尺寸符合图样要求。</td></tr>
</table>

表 2–1–4　　　　焊接工艺卡（3）

<table>
<tr><td>工程
名称</td><td colspan="3">水箱</td><td colspan="2">工艺卡编号</td><td colspan="3">03</td></tr>
<tr><td>材质</td><td>Q235
低碳钢</td><td>规格</td><td>12 mm</td><td colspan="2">焊接方法</td><td>CO_2 气体
保护焊</td><td>焊接位置</td><td>2G</td></tr>
<tr><td>成形
工艺</td><td colspan="2">单面焊双面成形</td><td>无损检测</td><td colspan="3">外观检验</td><td>合格等级</td><td>Ⅱ级焊缝</td></tr>
<tr><td rowspan="4">焊接
参数</td><td>层数</td><td>焊接方法</td><td>焊材
及规格</td><td>电源
极性</td><td>焊接
电流 /A</td><td>焊接
电压 /V</td><td>焊丝干
伸长 /mm</td><td>CO_2 气体
流量 /($L \cdot min^{-1}$)</td></tr>
<tr><td>1</td><td>CO_2 气体
保护焊</td><td>ER50–6、
ϕ 1.2 mm</td><td>直流
反接</td><td>85 ~ 95</td><td>18 ~ 20</td><td>10 ~ 14</td><td>10 ~ 15</td></tr>
<tr><td>2</td><td>CO_2 气体
保护焊</td><td>ER50–6、
ϕ 1.2 mm</td><td>直流
反接</td><td>100 ~ 110</td><td>19 ~ 20</td><td>10 ~ 14</td><td>10 ~ 15</td></tr>
<tr><td>3</td><td>CO_2 气体
保护焊</td><td>ER50–6、
ϕ 1.2 mm</td><td>直流
反接</td><td>100 ~ 110</td><td>19 ~ 20</td><td>10 ~ 14</td><td>10 ~ 15</td></tr>
<tr><td>坡口
尺寸及
熔敷图</td><td colspan="4"></td><td>技
术
要
求</td><td colspan="3">1. 将坡口及坡口边缘各 20 mm 范围内的油污、锈垢、氧化皮清除，直至呈现金属光泽。
2. 焊缝余高 1 ~ 3 mm。
3. 注意根部焊透。
4. 焊缝外观不允许有裂纹、未熔合、接头不良、焊偏、焊瘤、气孔、夹渣等缺陷。
5. 尺寸符合图样要求。</td></tr>
</table>

表 2-1-5　　　　焊接工艺卡（4）

工程名称	水箱			工艺卡编号		04	
材质	Q235	规格	12 mm	焊接方法	焊条电弧焊（SMAW）	焊接位置	1F
成形工艺	多层多道		无损检测	外观检验		合格等级	Ⅱ级焊缝
焊接参数	层数	焊接方法	焊材及规格	电源极性	焊接电流 /A	焊接电压 /V	焊接速度 /（mm · min^{-1}）
	1	焊条电弧焊（SMAW）	E5015、ϕ2.5 mm	直流反接	80 ~ 95	22 ~ 24	50 ~ 100
	2	焊条电弧焊（SMAW）	E5015、ϕ3.2 mm	直流反接	110 ~ 135	22 ~ 24	50 ~ 100
坡口尺寸及熔敷图	4 3~4 45° 12 1~2			技术要求	1. 在坡口及坡口边缘各 20 mm 范围内，将油污、锈垢、氧化皮清除，直至呈现金属光泽。 2. 焊脚高 ≥ 8 mm。 3. 注意根部焊透。 4. 焊缝外观不允许有裂纹、未熔合、接头不良、焊偏、焊瘤、气孔、夹渣等任何缺陷。 5. 尺寸符合图样要求。		

表 2-1-6　　　　焊接工艺卡（5）

工程名称	水箱			工艺卡编号		05		
材质	Q235	规格	12 mm	焊接方法		CO_2 气体保护焊	焊接位置	1F
成形工艺	单面焊		无损检测	外观检验			合格等级	Ⅱ级焊缝
焊接参数	层数	焊接方法	焊材及规格	电源极性	焊接电流 /A	焊接电压 /V	焊丝干伸长 /mm	CO_2 气体流量 /（L · min^{-1}）
	1	CO_2 气体保护焊	ER50-6、ϕ1.2 mm	直流反接	120 ~ 140	22 ~ 26	10 ~ 14	10 ~ 15
	2	CO_2 气体保护焊	ER50-6、ϕ1.2 mm	直流反接	170 ~ 200	23 ~ 28	10 ~ 14	10 ~ 15
	3	CO_2 气体保护焊	ER50-6、ϕ1.2 mm	直流反接	170 ~ 200	23 ~ 28	10 ~ 14	10 ~ 15

续表

<table>
<tr><td>坡口尺寸及熔敷图</td><td>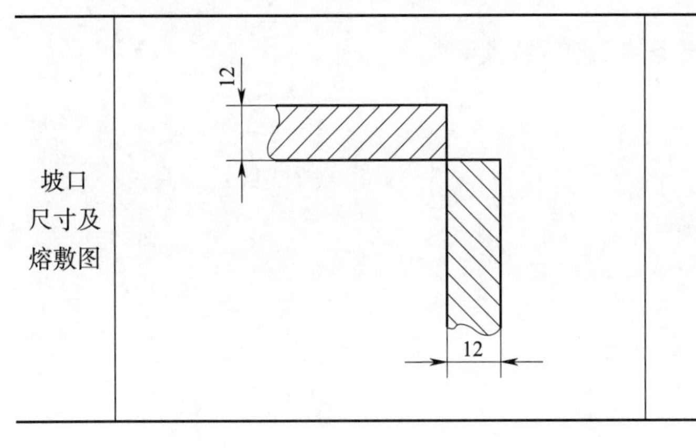</td><td>技术要求</td><td>1．将坡口及坡口边缘各 20 mm 范围内的油污、锈垢、氧化皮清除，直至呈现金属光泽。
2．焊脚高≥ 8 mm。
3．注意根部焊透。
4．焊缝外观不允许有裂纹、未熔合、接头不良、焊偏、焊瘤、气孔、夹渣等缺陷。
5．尺寸符合图样要求。</td></tr>
</table>

表 2-1-7　　焊接工艺卡（6）

<table>
<tr><td>工程名称</td><td colspan="4">水箱</td><td colspan="2">工艺卡编号</td><td colspan="2">06</td></tr>
<tr><td>材质</td><td>Q235</td><td>规格</td><td>12 mm</td><td colspan="2">焊接方法</td><td>焊条电弧焊（SMAW）</td><td>焊接位置</td><td>5G</td></tr>
<tr><td>成形工艺</td><td colspan="2">单面焊双面成形</td><td>无损检测</td><td colspan="3">外观检验</td><td>合格等级</td><td>Ⅱ级焊缝</td></tr>
<tr><td rowspan="4">焊接参数</td><td>层数</td><td>焊接方法</td><td>焊材及规格</td><td>电源极性</td><td>焊接电流 /A</td><td>焊接电压 /V</td><td colspan="2">焊接速度 /（mm · min^{-1}）</td></tr>
<tr><td>1</td><td>焊条电弧焊（SMAW）</td><td>E5015、ϕ3.2 mm</td><td>直流反接</td><td>90 ~ 100</td><td>22 ~ 24</td><td colspan="2">60 ~ 80</td></tr>
<tr><td>2</td><td>焊条电弧焊（SMAW）</td><td>E5015、ϕ3.2 mm</td><td>直流反接</td><td>80 ~ 90</td><td>22 ~ 24</td><td colspan="2">120 ~ 160</td></tr>
<tr><td>3</td><td>焊条电弧焊（SMAW）</td><td>E5015、ϕ3.2 mm</td><td>直流反接</td><td>80 ~ 90</td><td>22 ~ 24</td><td colspan="2">60 ~ 80</td></tr>
<tr><td>坡口尺寸及熔敷图</td><td colspan="4">12
60°
3~4
1~2</td><td>技术要求</td><td colspan="3">1．将坡口及坡口边缘各 20 mm 范围内的油污、锈垢、氧化皮清除，直至呈现金属光泽。
2．焊缝余高 1 ~ 3 mm。
3．注意根部焊透。
4．焊缝外观不允许有裂纹、未熔合、接头不良、焊偏、焊瘤、气孔、夹渣等缺陷。
5．尺寸符合图样要求。</td></tr>
</table>

二、明确工作内容

1．仔细阅读生产派工单中的技术要求，叙述本任务的工作内容及要求。

2．识读水箱图样，完成下面问题。

（1）水箱焊接共有________条焊缝。

（2）识读水箱零件图样，底板和盖板各开有几个孔，定位尺寸是多少？右侧立板开有几个孔，定位尺寸分别是多少？

（3）解释以下焊缝符号含义。

1）

60°
2
2 Y
111

2）

60°
2
2 Y
135

3）

8 ◺ 135 12

4）

45° 2 111 5

3．识读焊接工艺卡完成以下问题。

（1）采用 CO_2 气体保护焊时所选用焊丝型号为________，直径为________；采用焊条电弧焊时所选用的焊条型号为________，直径有________ mm 和________ mm。

（2）通过查询资料填写表 2-1-8 焊接位置代号。

表 2-1-8　焊接位置代号

焊缝形式	焊接位置	代号
板材对接焊缝	平焊	
	横焊	
	立焊	
管材对接焊缝	垂直固定	
管板角接头焊缝	垂直固定平焊	

（3）通过查询资料填写表 2-1-9 焊接参数及电源极性。

表 2-1-9　焊接参数及电源极性

焊接方法及焊接位置	电流 /A	电压 /V	电源种类及极性	施焊要求
V 形坡口板对接焊条电弧焊横焊				焊缝不允许有裂纹、接头不良、气孔、夹渣等缺陷
V 形坡口板对接 CO_2 气体保护焊横焊				清除坡口边缘各 20 mm 范围内的油污、锈垢等杂质
管板角接垂直固定平焊				保证根部焊透

子活动 2　学习活动评价

根据学习过程，完成本学习活动评价。

学习活动评价表

子活动名称：明确工作任务　　组名：＿＿＿＿＿＿　　学生姓名：＿＿＿＿＿＿

<table>
<tr><th colspan="2" rowspan="3">评价项目</th><th rowspan="3">评价内容</th><th colspan="3">评价方式</th><th rowspan="3">权重</th><th rowspan="3">得分小计</th><th rowspan="3">总分</th></tr>
<tr><th>自我评价</th><th>小组评价</th><th>教师评价</th></tr>
<tr><th>10%</th><th>40%</th><th>50%</th></tr>
<tr><td rowspan="5">关键能力</td><td rowspan="3">社会能力</td><td>安全文明操作</td><td></td><td></td><td></td><td>10%</td><td rowspan="3"></td><td rowspan="6"></td></tr>
<tr><td>团队协作能力</td><td></td><td></td><td></td><td>10%</td></tr>
<tr><td>沟通表达能力</td><td></td><td></td><td></td><td>10%</td></tr>
<tr><td rowspan="2">方法能力</td><td>信息处理能力</td><td></td><td></td><td></td><td>10%</td><td rowspan="2"></td></tr>
<tr><td>学习能力</td><td></td><td></td><td></td><td>10%</td></tr>
<tr><td colspan="2">专业能力</td><td>焊接质量</td><td></td><td></td><td></td><td>50%</td><td></td></tr>
<tr><td colspan="2">指导教师综合评价</td><td colspan="7">得分总计：

指导教师签名：　　　　　　　　日期：</td></tr>
</table>

学习活动 2　技 能 准 备

学习目标

1. 能正确识读对接单面焊双面成形焊接图样。
2. 能根据板件图样明确焊接方法和焊接位置。
3. 能领会对接接头焊接的相关标准，制定装焊方案。
4. 能正确选择焊接参数进行装配、焊接。
5. 能掌握板材、管板单面焊双面成形焊接的技术要求及操作要领，完成打底、填充、盖面焊操作。
6. 能正确选择 CO_2 气体保护焊平转角焊相关焊接参数完成焊接操作。
7. 能按焊接安全、清洁和环境要求，严格按焊接工艺完成焊接操作。
8. 能对焊接工件进行外观质量检测。

学习活动描述

根据工作任务，明确产品工作要求，掌握焊条电弧焊各相关位置的焊接操作。本活动主要以完成低碳钢焊条电弧焊横板对接（单面焊双面成形）、低碳钢焊条电弧焊立板对接（单面焊双面成形）、管板插入式平角焊、CO_2 气体保护焊平转角焊等相关技能准备，掌握相关位置的操作技能。

总学时：142 学时

子活动与建议学时

子活动 1　低碳钢焊条电弧焊横板对接（单面焊双面成形）　36 学时

子活动 2　低碳钢焊条电弧焊立板对接（单面焊双面成形）　36 学时

子活动 3　焊条电弧焊管板插入式平角焊　　32 学时
子活动 4　CO_2 气体保护焊平转角焊　　36 学时
子活动 5　学习活动评价　　2 学时

学习准备

资料与材料：工作页、技术标准、技术文件、专业书籍、板材、管材、CO_2 气体保护焊焊丝、焊条、CO_2 气体（纯度≥ 99.5%）等。

设备与工具：电脑、网络、焊条电弧焊设备、焊接辅助工具、CO_2 气体保护焊设备、夹具、通风除尘设备等。

子活动 1　低碳钢焊条电弧焊横板对接（单面焊双面成形）

低碳钢是应用最为广泛的一种材料，单面焊双面成形技术是一种相对较难掌握的技术，横板对接（单面焊双面成形）和平角焊的方法有相同之处，采用的都是多层多道焊接技术，此焊接位置是完成中厚板水箱任务的关键位置，更是焊工必备的技能之一。

学习过程

低碳钢焊条电弧焊横板对接（单面焊双面成形）技能是焊工要求掌握的技能之一，也是板对接焊的基础性技能。其焊接位置基本处于焊缝倾角或转角 0° 或 180° 的对接焊缝，简单易学，焊工需要从焊件图中读取相关信息，并按照焊接工艺卡规定的参数进行焊接。

现有两块相同尺寸的板材需要焊接，材料为 Q355 钢，尺寸如图 2-2-1 所示，根据课程所要完成的任务进行模拟位置练习。焊接位置为横板对接（单面焊双面成形），为确保焊接质量和外形，采用焊条电弧焊的方法，选用 E5015（J507）焊条。

一、焊件图与焊接工艺卡

1．焊件图（见图 2-2-1）

（1）板对接焊焊接位置

板对接焊按焊缝所处位置不同，可分为平焊、横焊、立焊、仰焊等几种形式，分别写出图 2-2-2 所示的焊接位置。

（2）本次焊接任务使用板材的规格及数量是________块，材料为________，焊缝位置是________，焊接方法为________，根部间隙为________，钝边为________。

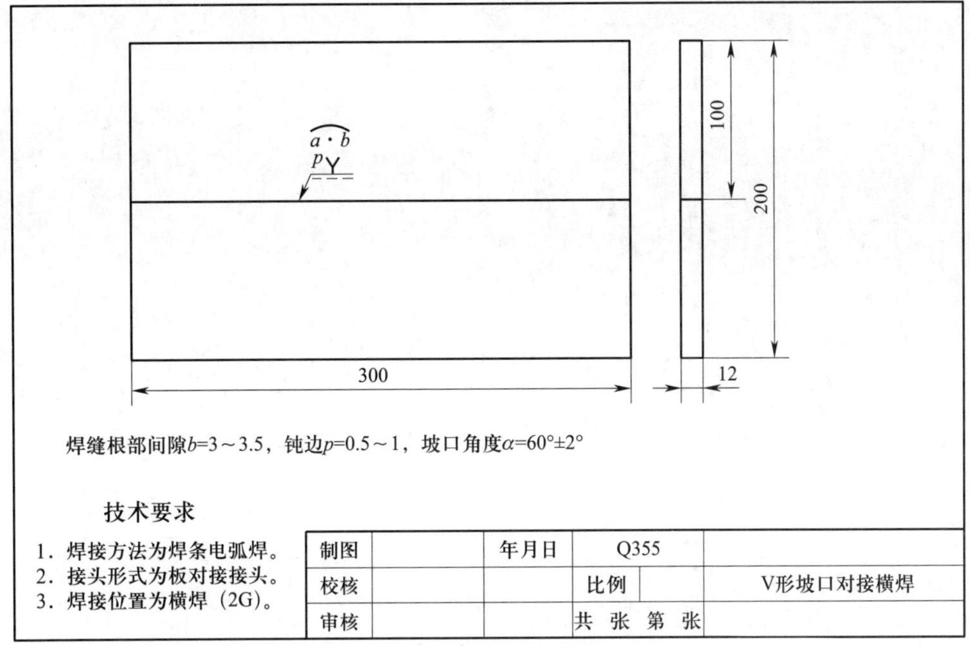

图 2-2-1　焊件图

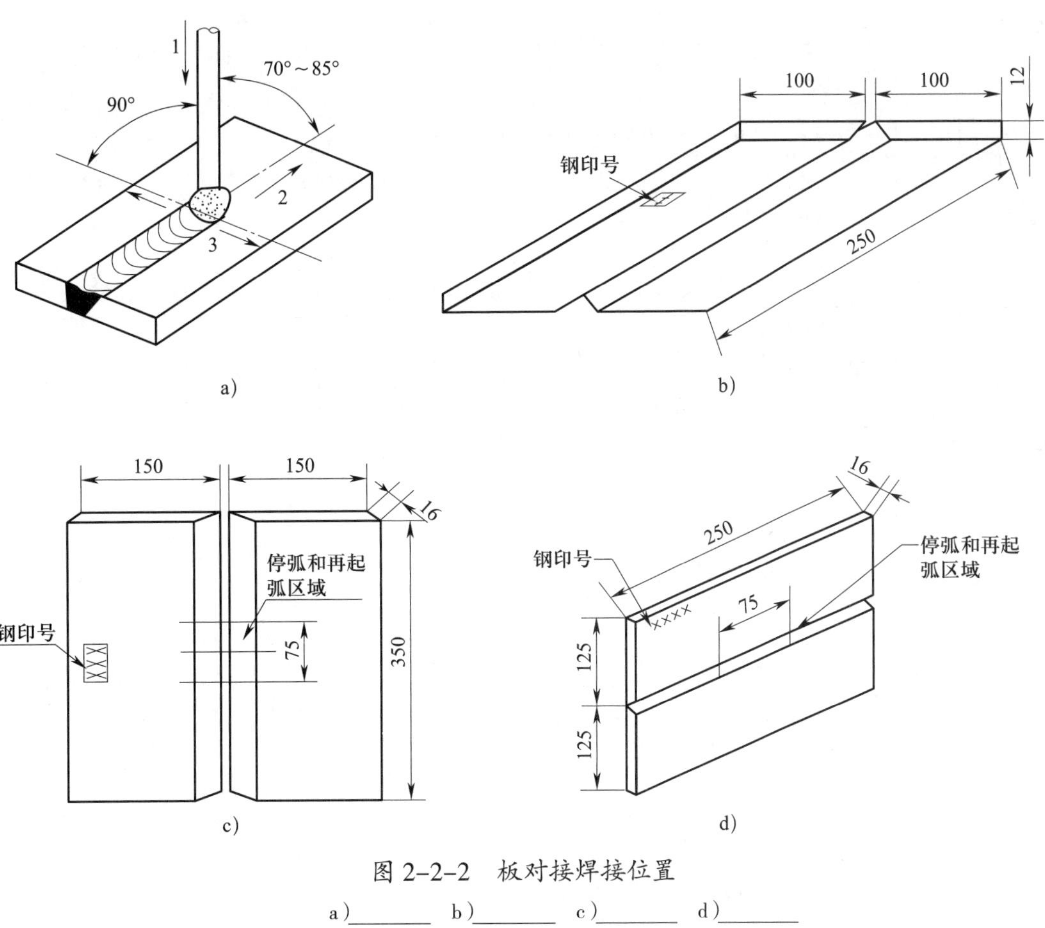

图 2-2-2　板对接焊接位置

a）________ b）________ c）________ d）________

2．查阅焊工相关资料，分析横焊的焊接工艺。

3．焊接工艺卡（见表 2–2–1）

表 2–2–1　　焊接工艺卡

<table>
<tr><td>工程名称</td><td colspan="5">板对接横焊</td><td colspan="2">工艺卡编号</td><td colspan="3">01</td></tr>
<tr><td>材质</td><td colspan="2">Q355</td><td colspan="2">规格及数量</td><td>300 mm × 100 mm × 12 mm，2 块</td><td colspan="2">焊接方法</td><td>焊条电弧焊（SMAW）</td><td>焊工资格</td><td>初级焊工</td></tr>
<tr><td>焊评编号</td><td colspan="4">无</td><td>无损检测</td><td colspan="3">按 NB/T 47013.4—2015 标准，用 MT 检测，检测比例为 100%</td><td>合格等级</td><td>Ⅱ级</td></tr>
<tr><td>适用范围</td><td colspan="10">板对接横焊</td></tr>
<tr><td rowspan="7">焊接参数</td><td>层</td><td>道</td><td colspan="2">焊接方法</td><td>焊材及规格</td><td>电源极性</td><td colspan="2">焊接电流 /A</td><td colspan="2">焊接电压 /V</td></tr>
<tr><td>打底层</td><td>1</td><td colspan="2" rowspan="6">焊条电弧焊（SMAW）</td><td>E5015、ϕ3.2 mm</td><td>直流</td><td colspan="2">100 ~ 130</td><td colspan="2">18 ~ 21</td></tr>
<tr><td rowspan="2">填充层</td><td>2</td><td rowspan="2">E5015、ϕ3.2 mm</td><td rowspan="2">直流</td><td colspan="2">120 ~ 130</td><td colspan="2" rowspan="2">18 ~ 21</td></tr>
<tr><td>3</td><td colspan="2">120 ~ 130</td></tr>
<tr><td rowspan="3">盖面层</td><td>4</td><td rowspan="3">E5015、ϕ3.2 mm</td><td rowspan="3">直流</td><td colspan="2">115 ~ 120</td><td colspan="2" rowspan="3">18 ~ 21</td></tr>
<tr><td>5</td><td colspan="2">110 ~ 115</td></tr>
<tr><td>6</td><td colspan="2">105 ~ 110</td></tr>
<tr><td>坡口尺寸及熔敷图</td><td colspan="6">12
60°
3 ~ 3.5
1 ~ 2</td><td>技术要求</td><td colspan="3">1. 横焊位单面焊双面成形，α=60° ± 2°，b=3.0 ~ 3.5 mm。
2. 控制焊后变形量≤ 6°。
3. 每处定位焊长度为 10 ~ 15 mm，要求焊透，不得有气孔、夹渣、未焊透等缺陷。定位焊缝两端修成斜坡，以利于接头。
4. 焊缝外观表面平直，无缺陷。</td></tr>
</table>

从焊接工艺卡中可以看出，焊缝分________层________道焊接；定位焊缝有________处，每处长度为________ mm；焊后需经________探伤，合格标准为________级，焊缝焊后变形量________。

二、焊前准备

1．通过网络或书籍等查阅资料，制订横板对接（单面焊双面成形）焊接任务的工作计划，确定施工步骤。

2．对焊件坡口正反 20 mm 范围内进行清理打磨，直至露出金属光泽，小组讨论并写出焊件表面清理中有哪些安全注意事项，派代表阐述理由。通过实践操作，正确使用电动工具进行焊件清理，检查表面清理质量和安全操作、安全防护及 6S 管理情况。

1）焊条电弧焊所用的焊接电源分为哪几类?

2）钝边的作用是什么？清理过程中是钝边越大越好吗?

3．试分析相同板厚的焊件，采用多层多道焊的横焊变形为什么比单道焊平焊变形大。

三、装配与焊接

1．焊条电弧焊横板对接（单面焊双面成形）装配定位焊。

（1）焊条电弧焊横板对接（单面焊双面成形）焊件组对装配尺寸见表 2–2–2。

表 2–2–2　横板对接（单面焊双面成形）装配尺寸

坡口类型	装配间隙 /mm		定位焊缝长度 /mm	定位点数 / 个	错边量 /mm	钝边 /mm
	始焊端	终焊端				
V 形坡口	3	3.5	15 ~ 20	2	≤ 0.5	0.5 ~ 1

（2）焊条电弧焊横板对接（单面焊双面成形）定位焊焊接参数见表 2–2–3。

表 2–2–3　横板对接（单面焊双面成形）定位焊焊接参数

焊接电流 /A	焊接材料	焊条直径 /mm	电源极性
110 ~ 120	E5015（J507）	3.2	直流反接

（3）定位焊完毕后清理定位焊缝表面，检查定位焊缝质量，填写表 2–2–4。

表 2–2–4　定位装配标准检查结果

序号	检验项目	装配质量要求	检验结果
1	装配间隙	b=3 ~ 3.5 mm	
2	错边量	<0.5 mm	
3	变形量	<6°	
4	定位焊缝长度	15 ~ 20 mm	
5	气孔	不允许	
6	焊瘤	不允许	
7	钝边	0.5 ~ 1 mm	

检查定位焊缝有无缺陷，对缺陷进行修补。确认无缺陷后，用角磨机将定位焊缝两侧打磨出斜坡，为接头创造条件，防止接头未焊透。图 2–2–3 所示为装配定位，图 2–2–4 所示为反变形角度。

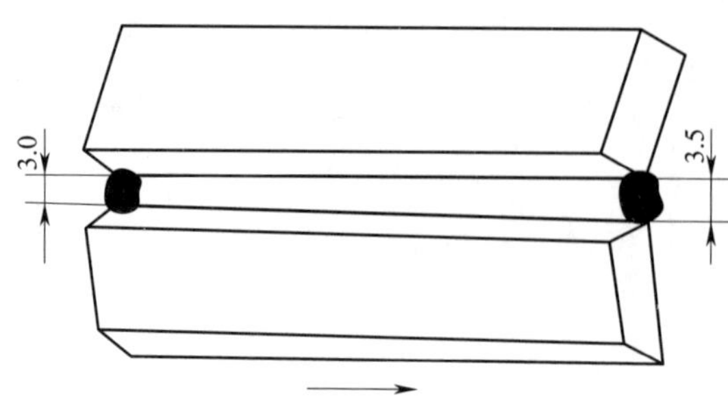

图 2–2–3　装配定位

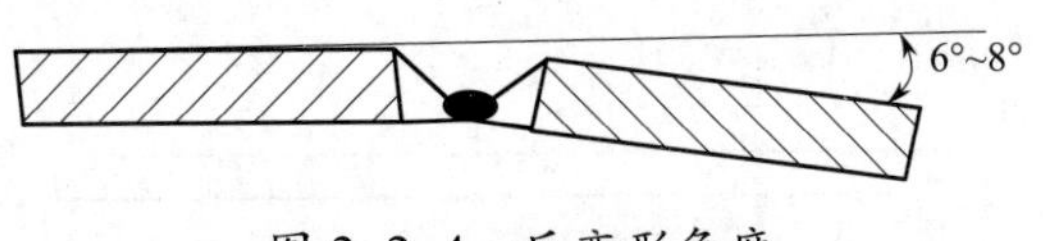

图 2-2-4　反变形角度

（4）在装配过程中如果定位焊未焊透或产生气孔、夹渣、焊瘤等缺陷应如何处理？

2．观看横对接单面焊双面成形装配操作视频，并根据视频内容进行装配。

3．焊接

（1）焊接操作技巧

采用多层多道布置焊缝，打底层一道，填充层两道，盖面层三道，共三层六道，如图 2-2-5 所示。

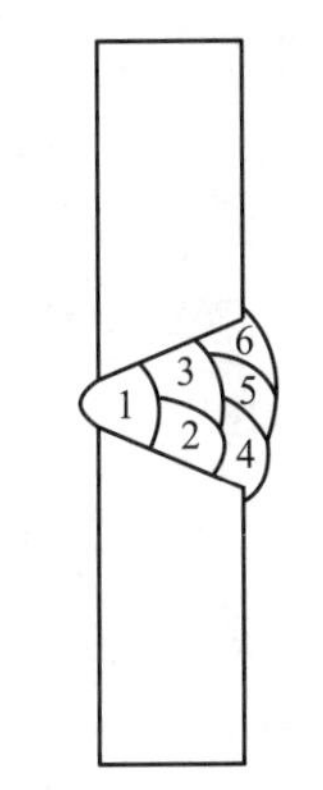

图 2-2-5　焊道布置图

（2）焊条电弧焊横板对接（单面焊双面成形）焊接参数（见表 2-2-5）

表 2-2-5　横板对接（单面焊双面成形）焊接参数

焊道分布	焊条型号	焊接层次		焊条直径 /mm	焊接电流 /A	电源极性
	E5015（J507）	打底层（1 道）	连弧法	ϕ3.2	85 ~ 95	直流反接
			灭弧法		110 ~ 120	
		填充层（2 和 3 道）			120 ~ 130	
		盖面层（4 ~ 6 道）			115 ~ 120	
					110 ~ 115	
					105 ~ 110	

（3）打底层的焊接

底层的焊接采用单点击穿灭弧法施焊，焊条角度如图 2-2-6 所示。电流调好后，在定位焊缝处引弧，再将电弧拉回到定位焊缝中心加热约 2 s 后将电弧压向坡口根部，加热 2 s 左右，与定位焊缝和母材熔合形成熔池，并将电弧向前移，使电弧 2/3 压住熔池、1/3 作用在熔池前方，用来熔化和击穿坡口根部形成熔池。

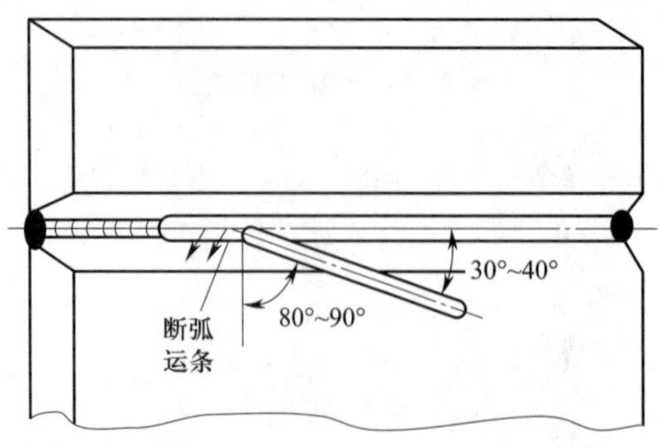

图 2–2–6　打底焊焊条角度

1）灭弧时，焊条向后下方动作要快速、干净利落。从灭弧转入引弧时，焊条要接近熔池，待熔池温度下降、颜色由亮变暗时，迅速而准确地在原熔池上引弧焊接片刻，再马上灭弧。如此反复地引弧—焊接—灭弧—引弧。

2）在更换焊条灭弧前，必须向背面补充几滴熔滴，以防止背面出现冷缩孔。然后将电弧拉到熔池的侧后方灭弧。接头时，在原熔池后面 10 ~ 15 mm 处引弧，焊至接头处稍拉长电弧，借助电弧的吹力和热量重新击穿钝边，然后压低电弧并稍作停顿，形成新的熔池后，再转入正常的反复击穿焊接，打底焊的正面焊缝和背面焊缝分别如图 2–2–7 和图 2–2–8 所示。

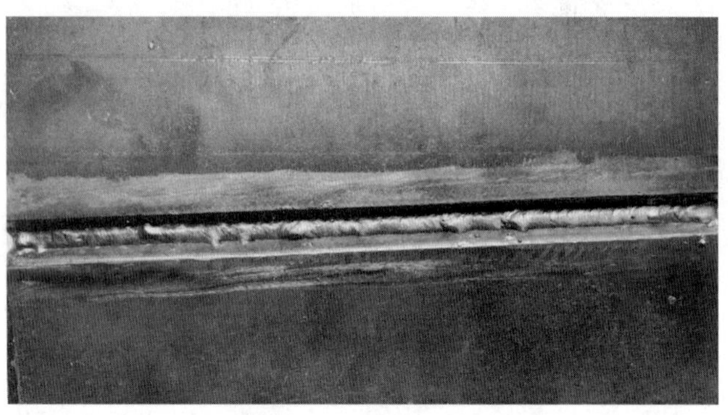

图 2–2–7　打底焊的正面焊缝

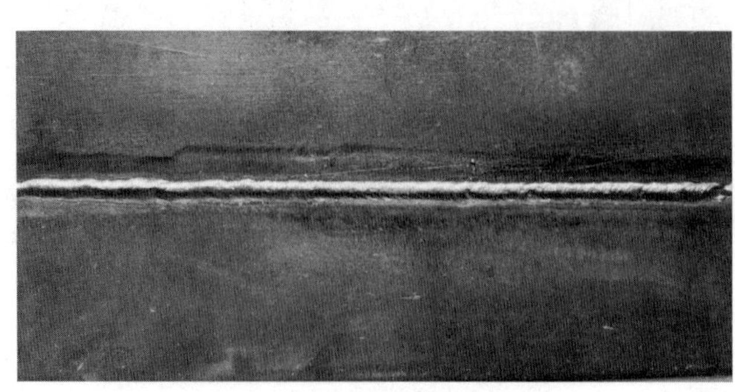

图 2–2–8　打底焊的背面焊缝

（4）填充层的焊接

填充层的焊接采用多道焊（分两道）。填充层施焊前，先将第一层焊道的熔渣及飞溅清理干净，并适当调大焊接电流，以避免产生夹渣及未熔合等缺陷。

1）每道运条方法采用直线形运条或斜圆圈运条，保证与坡口面良好熔合，焊道表面平整。其焊道分布及焊条角度如图 2–2–9 所示。

2）填充层焊完后，应使其表面距下坡口棱边 1.5 mm，距上坡口棱边约 0.5 mm，若填充层焊道有凸凹处，应在盖面焊前予以补平，为盖面层施焊打好基础。填充焊的正面焊缝如图 2–2–10 所示。

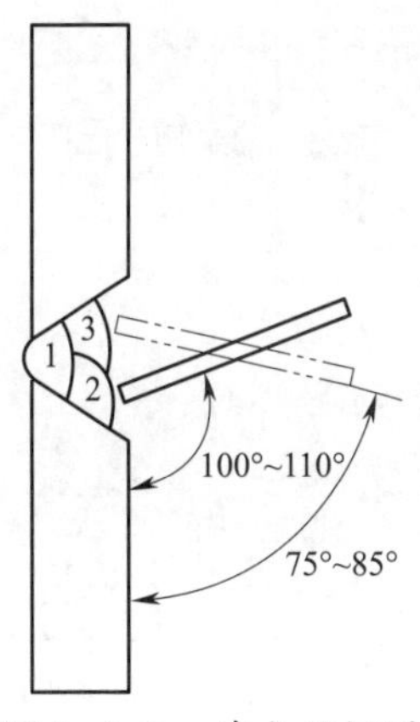

图 2–2–9　填充层焊道分布及焊条角度

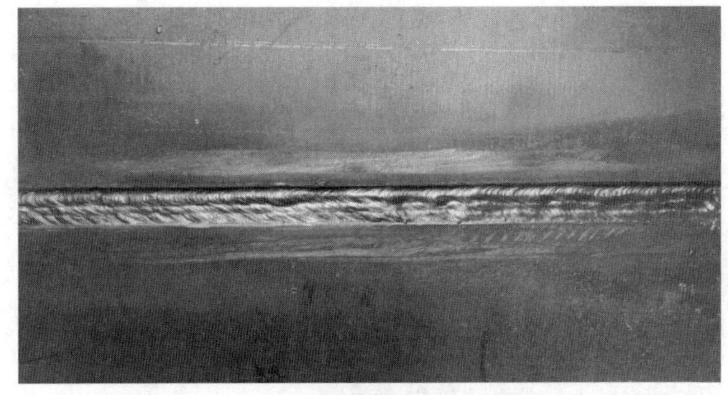
图 2–2–10　填充焊的正面焊缝

（5）盖面层的焊接

盖面层的焊接采用多道焊（分三道），施焊时焊条角度如图 2–2–11 所示，采用直线形运条法，焊条向前移动，运条速度要均匀，短弧焊接。

焊接最下面的盖面焊道时，注意观察熔池的下边缘，只要熔化了坡口棱边就向前运条，以保证焊道与焊件下表面形成圆滑过渡的焊缝。接下来的每条焊道要覆盖前一条焊道的 1/3 ～ 1/2。最上面的焊道运条速度应稍快些，焊道尽可能细、薄一些，可避免出现咬边缺陷，有利于焊道与焊件上表面圆滑过渡。表面焊缝的实际宽度以覆盖上、下坡口边缘各 0.5 ～ 1 mm 为宜。盖面焊的正面焊缝如图 2–2–12 所示。

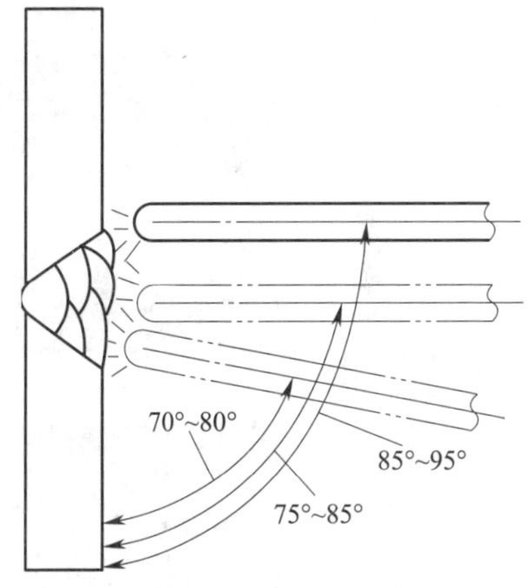

图 2–2–11　盖面焊焊条角度

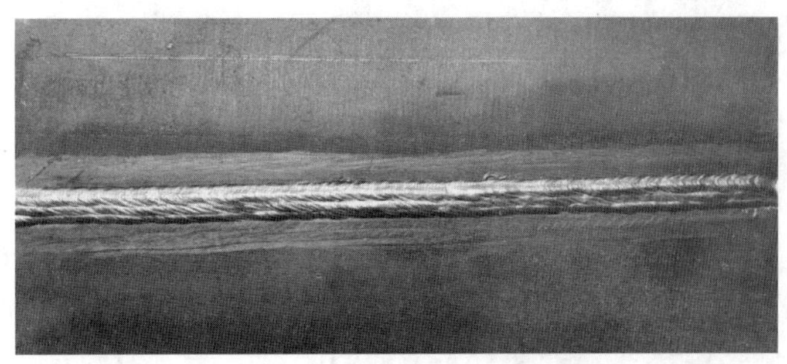
图 2–2–12　盖面焊的正面焊缝

（6）根据教师示范以及讲解的操作要领，选用合适的焊接参数分组进行焊接技能练习，记录焊接操作要领，总结在操作过程中，自己哪部分焊得比较好，哪部分焊得不好，以及为什么。

（7）对照图片，对板对接横焊（单面焊双面成形）工件进行外观质量检测，记录缺陷内容，填写表 2–2–6。

表 2–2–6　板对接横焊（单面焊双面成形）外观缺陷性质

图片	缺陷性质
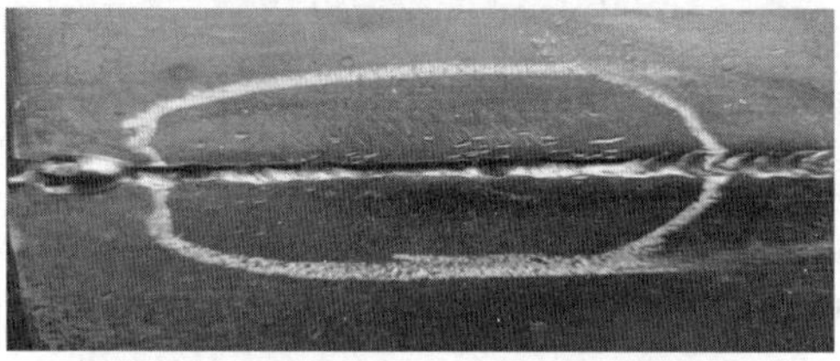	

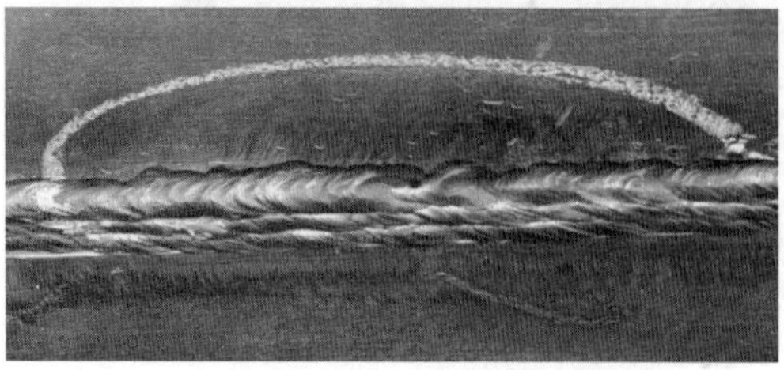	

续表

图片	缺陷性质
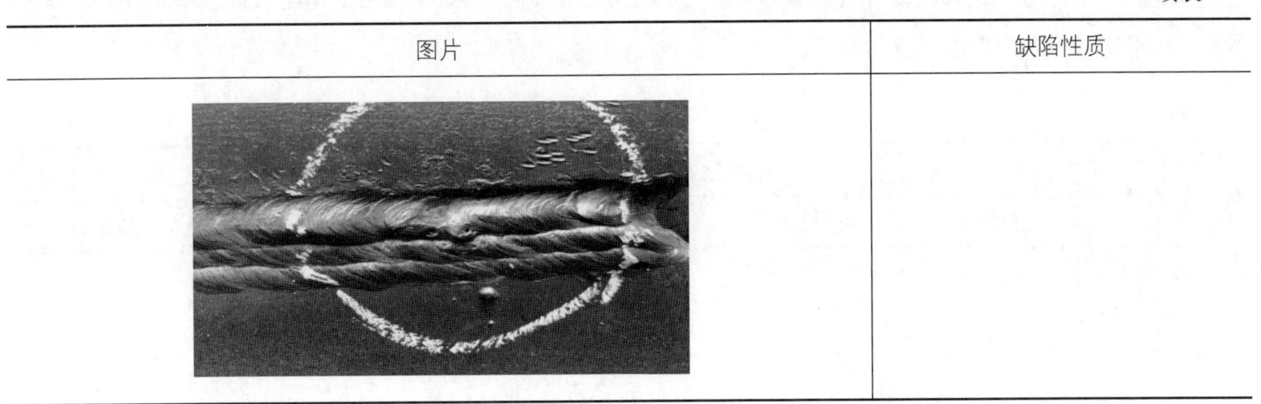	

四、焊接检验

1．根据图样要求完成低碳钢焊条电弧焊横板对接（单面焊双面成形）焊接操作，并进行自检和互检。

（1）焊接操作完毕后清理焊缝表面，检查焊缝质量，填写表 2–2–7。

表 2–2–7　　板对接横焊（单面焊双面成形）评分标准

序号	考核内容	考核要点	配分	评分标准	扣分	得分
1	焊前准备	焊机、工具的检查	5	未按要求执行不得分		
		正确使用焊机和调整焊机	5	未按要求执行不得分		
2	焊缝外观质量	焊缝余高	7	1 ~ 3 mm，超出范围不得分		
		焊缝余高差	7	余高差 <1 mm，每超差 0.5 mm 扣 1 分		
		焊缝宽度	7	17 ~ 19 mm，超出范围不得分		
		焊缝宽度差	7	每超差 1 mm 扣 1 分		
		表面气孔与夹渣	7	有气孔、夹渣不得分		
		角变形与错边量	7	每超差 1 mm 扣 2 分		
		焊缝成形	14	过渡圆滑、成形美观，每处过渡不圆滑扣 2 分		
		背面凹陷	7	深度 ≤ 0.5 mm，长度 ≤ 15 mm，超出范围不得分		
		咬边	7	深度 ≤ 0.5 mm，超出范围不得分		
3	6S 管理	劳保用品穿戴	4	劳保用品未按要求穿戴不得分		
		焊接过程	4	焊接过程中有违反安全操作规程现象不得分		
		现场清理	2	现场未清理干净或工具未摆放整齐不得分		
4	焊缝表面保持原始状态		10	焊件有修磨或补焊等破坏焊缝表面现象不得分		
5	否决项			焊缝表面有气孔、夹渣、裂纹缺陷之一，该试样为 0 分		
总　分						

（2）各小组自检本组完成的焊件质量，记录小组平均分，再由其他小组检验该组最好及最差的两个焊件质量，取平均分后填入表 2–2–8 并展示。

表 2–2–8 检查结果

类别	小组自检成绩					
编号	板材 1	板材 2	……	板材 20	最高分	最低分
得分						
平均分						

2．按照世界技能大赛板外观检验标准进行评分，计算评分结果，填入表 2–2–9。

表 2–2–9 板对接（单面焊双面成形）评分表

序号	分值	评分内容	要求	实测值 / 结果	得分
1	0.5	对接焊缝咬边或未焊透是否在允许范围内	是		
		允许咬边最大深度为 0.5 mm			
		不允许有未焊透			
2	0.5	对接焊缝余高是否在允许范围内	是		
		允许余高≤ 2.5 mm，且同一道的变化范围≤ 1.5 mm			
3	0.5	对接焊缝宽度是否均匀一致	是		
		允许宽窄差≤ 2 mm			
4	0.4	对接焊缝无电弧擦伤	是		
5	0.5	盖面和根部焊道表面无打磨痕迹			
6	0.5	对接焊缝根部凹陷是否在允许范围内，允许最大值为 0.5 mm	是		
		如果熔透率 <100% 则为 0 分			
7	0.5	对接焊缝根部凸度是否在允许范围内，允许最大值为 2 mm	是		
		如果熔透率 <100% 则为 0 分			
总分		3.4 分	实际得分		

3．每名同学写一份学习小结，字数不少于 200 字。各组派一名代表陈述。

五、子活动学习评价

根据学习过程完成本学习子活动评价。

学习活动评价表

子活动名称：板对接横焊（单面焊双面成形）　组名：＿＿＿＿＿　学生姓名：＿＿＿＿＿

<table>
<tr><th colspan="2" rowspan="3">评价项目</th><th rowspan="3">评价内容</th><th colspan="3">评价方式</th><th rowspan="3">权重</th><th rowspan="3">得分小计</th><th rowspan="3">总分</th></tr>
<tr><th>自我评价</th><th>小组评价</th><th>教师评价</th></tr>
<tr><th>10%</th><th>40%</th><th>50%</th></tr>
<tr><td rowspan="5">关键能力</td><td rowspan="3">社会能力</td><td>安全文明操作</td><td></td><td></td><td></td><td>10%</td><td rowspan="3"></td><td rowspan="6"></td></tr>
<tr><td>团队协作能力</td><td></td><td></td><td></td><td>10%</td></tr>
<tr><td>沟通表达能力</td><td></td><td></td><td></td><td>10%</td></tr>
<tr><td rowspan="2">方法能力</td><td>信息处理能力</td><td></td><td></td><td></td><td>10%</td><td rowspan="2"></td></tr>
<tr><td>学习能力</td><td></td><td></td><td></td><td>10%</td></tr>
<tr><td colspan="2">专业能力</td><td>焊接质量</td><td></td><td></td><td></td><td>50%</td><td></td></tr>
<tr><td colspan="2">指导教师综合评价</td><td colspan="7">得分总计：

指导教师签名：　　　　　　　　日期：</td></tr>
</table>

子活动 2　低碳钢焊条电弧焊立板对接（单面焊双面成形）

立板对接单面焊双面成形是焊接操作中的基础内容，更是焊工基础位置的操作，是生产中经常接触的焊接位置之一。立焊要比横焊难度大，操作中要注意控制熔池的温度。

学习过程

低碳钢焊条电弧焊立板对接的焊接位置基本处于焊缝倾角 90°（立向上）或 270°（立向下），焊工需要从焊件图中读取相关信息，并按照焊接工艺卡规定的参数进行焊接。

活动简介：根据课程所要完成的任务进行模拟位置练习，现有两块相同尺寸的板材需要焊接，材料为 Q355，尺寸如图 2–2–13 所示。焊接位置为立板对接（单面焊双面成形），为确保焊接质量和外形，选用焊条电弧焊的方法，选用 E5015（J507）焊条。

一、焊件图与焊接工艺卡

1．焊件图如图 2–2–13 所示。

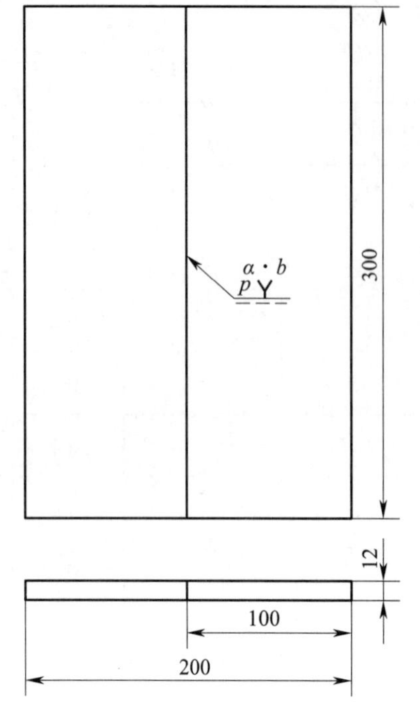

技术要求

1. 采用立焊单面焊双面成形。
2. b=（3.2~4.0），α=60°，p=（0.5~1）。
3. 焊后变形量≤3°。

图 2–2–13　焊件及尺寸

2．为了保证焊缝根部焊透，使焊缝能满足焊接接头的质量要求，调节基体金属与填充金属的比例，需要设计成各种坡口，其几何参数如图 2–2–14 所示。

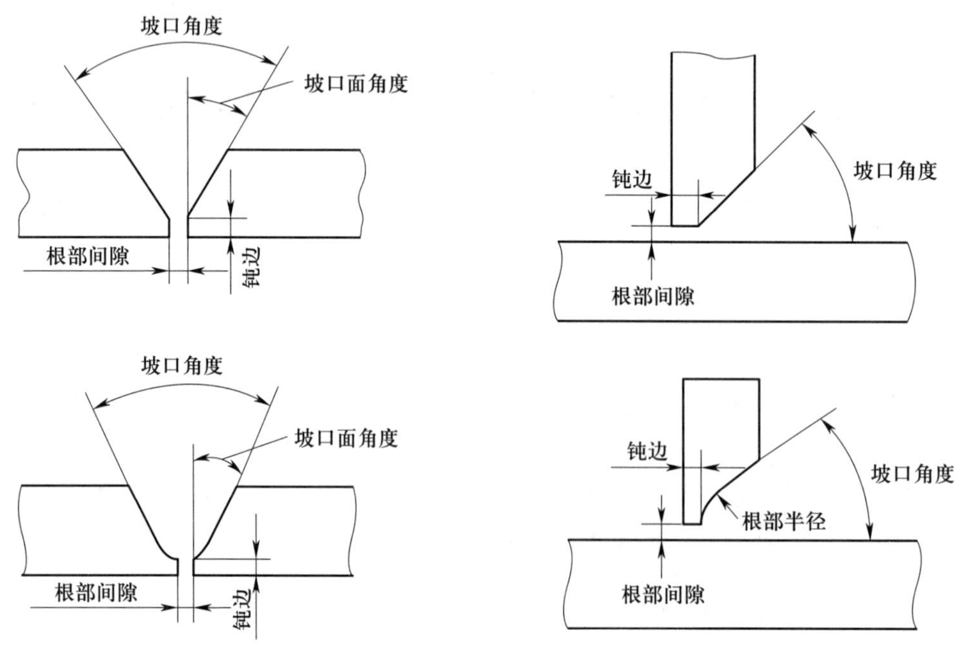

图 2–2–14　坡口形式及几何参数

（1）什么叫坡口？

____

3．如图 2-2-15 所示，有四种对接接头坡口形式。

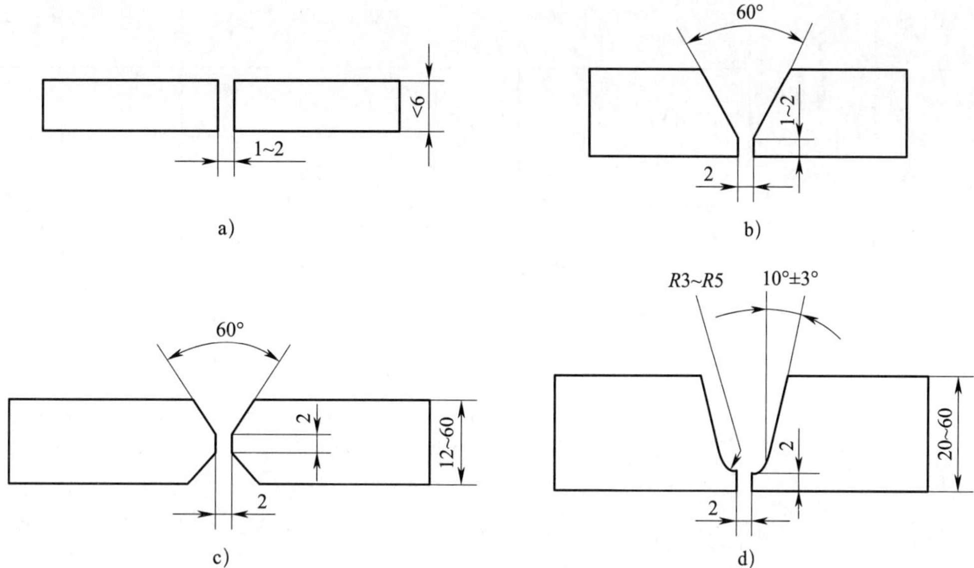

图 2-2-15　对接接头坡口形式

（1）对接接头坡口形式分别是：a）________　b）________　c）________　d）________。

（2）本次焊接任务使用板材的规格是__________，共________块，材料为________，焊缝位置是__________。

4．查阅相关资料，分析立焊的焊接工艺。

5．焊接工艺卡（见表 2-2-10）

表 2-2-10　板对接立焊焊接工艺卡

工程名称	板对接立焊			工艺卡编号	01		
材质	Q355	规格及数量	300 mm × 100 mm × 12 mm，2 块	焊接方法	焊条电弧焊（SMAW）	焊工资格	特种作业操作证
焊评编号	无		无损检测	按 NB/T 47013.4—2015 标准，用 MT 检测，检测比例为 100%		合格等级	Ⅱ级
适用范围	板对接立焊						

续表

<table>
<tr><td rowspan="6">焊接参数</td><td colspan="2">层数</td><td>焊接方法</td><td>焊材及规格</td><td>电源极性</td><td>焊接电流 /A</td><td>焊接电压 /V</td></tr>
<tr><td>打底层</td><td>1</td><td rowspan="5">焊条电弧焊（SMAW）</td><td>E5015、ϕ 3.2 mm</td><td>直流</td><td>100 ~ 130</td><td>18 ~ 21</td></tr>
<tr><td rowspan="2">填充层</td><td>2</td><td rowspan="2">E5015、ϕ 3.2 mm</td><td rowspan="2">直流</td><td>110 ~ 120</td><td rowspan="2">18 ~ 21</td></tr>
<tr><td>3</td><td>110 ~ 120</td></tr>
<tr><td>盖面层</td><td>4</td><td>E5015、ϕ 3.2 mm</td><td>直流</td><td>100 ~ 120</td><td>18 ~ 21</td></tr>
<tr></tr>
<tr><td>坡口尺寸及熔敷图</td><td colspan="4">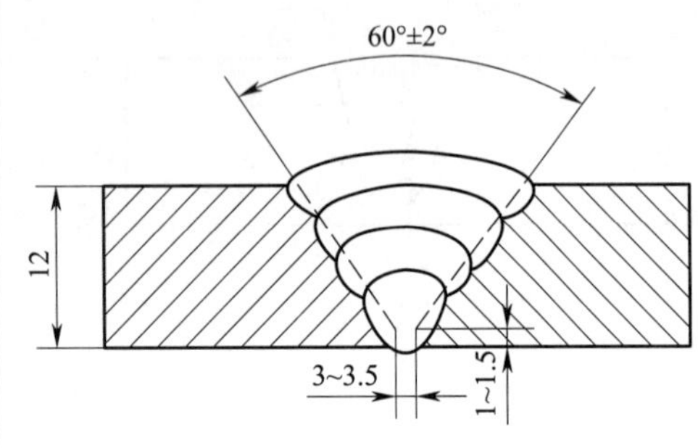</td><td colspan="3">技术要求
1．立焊单面焊双面成形，α =60° ± 2°，b=3.0 ~ 3.5 mm。
2．控制焊后变形量≤ 3°。
3．定位焊，每处定位焊缝长度为 10 ~ 15 mm，要求焊透，不得有气孔、夹渣、未焊透等缺陷。定位焊缝两端修成斜坡，以利于接头。
4．焊缝外观表面平直，无缺陷。</td></tr>
</table>

从焊接工艺卡中可以看出，焊缝分______层______道焊接；定位焊缝分有________处，每处长度为________mm；焊后需经________探伤，合格标准为________级，焊缝焊后变形量________。

二、焊前准备

写出焊接操作所需工序、工具、检测工具清单。

（1）工序：

（2）填写表 2–2–11 工具名称及作用。

表 2–2–11　工具名称及作用

图片	名称	作用

		用于夹紧焊件

续表

图片	名称	作用
		用来清理熔渣
	钢丝刷	
		焊条经过烘干箱烘干后，用于存放焊条，防止焊条再次受潮，保证焊条在干燥的状态下随时使用

三、装配与焊接

1．焊条电弧焊立板对接（单面焊双面成形）装配定位焊

立板对接的装配定位焊同横板对接相同，装配示意图如图 2–2–16 所示。

（1）焊条电弧焊立板对接（单面焊双面成形）焊件组对装配标准见表 2–2–12。

（2）焊条电弧焊立板对接（单面焊双面成形）定位焊焊接参数见表 2–2–13。

（3）定位焊完毕后清理定位焊缝表面，检查定位焊缝质量，填写表 2–2–14。

检查定位焊缝有无缺陷，对缺陷进行修补。确认无缺陷后，用砂轮将定位焊缝两侧打磨出斜坡，为接头创造条件，防止接头未焊透。装配定位如图 2–2–17 所示。

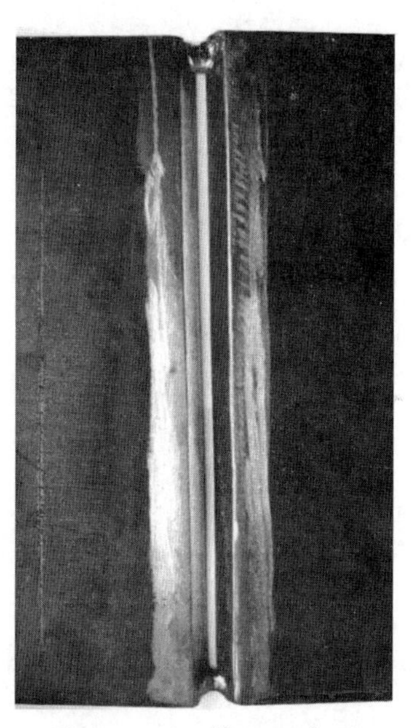

图 2–2–16　装配示意图

表 2-2-12　　立板对接装配标准

坡口类型	装配间隙 /mm		定位长度 /mm	定位点数 / 个	错边量 /mm	钝边 /mm
	始焊端	终焊端				
V 形坡口	3	3.5	15 ~ 20	2	≤ 0.5	0.5 ~ 1

表 2-2-13　　立板对接定位焊焊接参数

焊接电流 /A	焊接材料	焊条直径 /mm	电源极性
110 ~ 120	E5015（J507）	3.2	直流反接

表 2-2-14　　立板对接定位焊标准

序号	检验项目	装配质量要求	检验结果
1	装配间隙	3 ~ 3.5 mm	
2	错边量	<0.5 mm	
3	变形量	≤3°	
4	定位焊缝长度	10 ~ 15 mm	
5	气孔	不允许	
6	焊瘤	不允许	
7	钝边	1 ~ 1.5 mm	

2．焊接

（1）焊接操作技巧

板对接立焊（单面焊双面成形）采用四层焊，打底一层，填充两层，盖面一层，如图 2-2-18 所示。

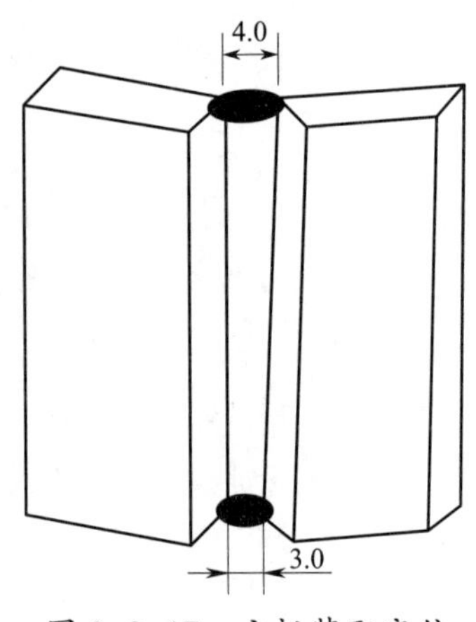

图 2-2-17　立板装配定位

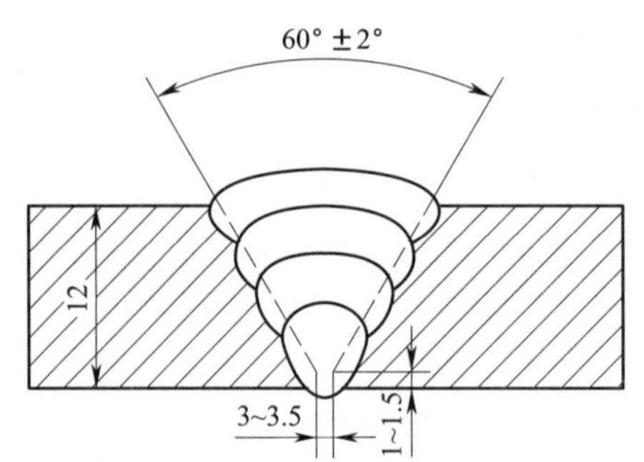

图 2-2-18　焊接层数的分布

（2）焊条电弧焊板对接立焊（单面焊双面成形）焊接参数见表 2–2–15。

表 2–2–15　　板对接立焊参数

焊接层次	运条方法	焊条直径 /mm	焊接电流 /A	电源极性
打底层	灭弧焊法	3.2	100 ~ 130	直流反接
填充层	月牙形或锯齿形运条法	3.2	90 ~ 105	
盖面层	锯齿形或月牙形运条法	3.2	80 ~ 105	

（3）打底焊

采用单点击穿灭弧法进行打底焊，打底焊时焊条角度如图 2–2–19 所示。电弧引燃后迅速将电弧拉至定位焊缝上，长弧预热 2 ~ 3 s 后，压向坡口根部，当听到击穿声后，即向坡口根部两侧做小幅度的摆动，形成第一个熔孔，如图 2–2–20 所示。

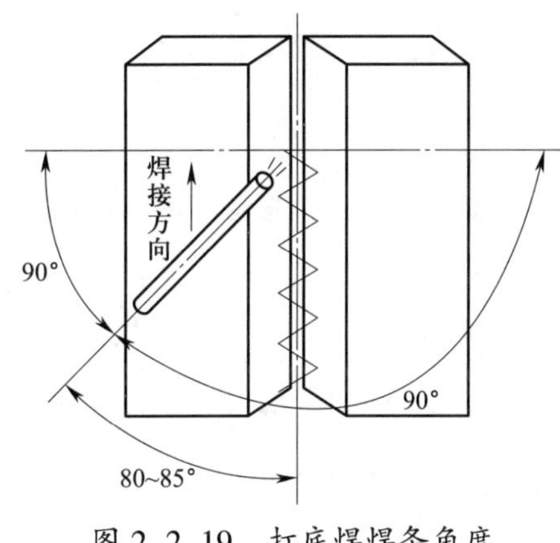

图 2–2–19　打底焊焊条角度

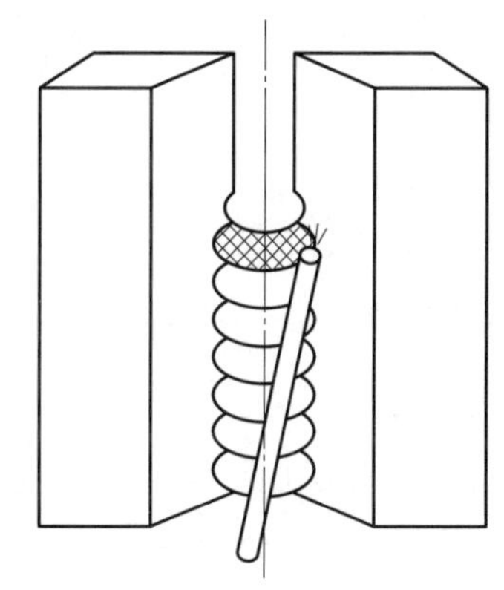
图 2–2–20　熔孔示意图

1）当第一个熔孔形成后，立即熄弧，熄弧时间应视熔池液态金属凝固的状态而定，当液态金属的颜色由亮变暗时，立即送入焊条施焊约 0.8 s，进而形成第二个熔池。依次重复操作直至焊完打底焊道。

2）换焊条接头时，在熔孔上方 10 mm 位置引弧，将电弧拉至接头处稍加预热，迅速压向熔孔，当听到“噗噗”声时，立即抬弧，转入正常灭弧打底焊。

3）打底层焊接要掌握两个要点：一是电弧燃烧和熄灭的时间；二是焊条落点的位置要处在上一个熔池的前 1/3 处，让熔池重合 2/3，电弧有 1/3 是在焊缝背面。

（4）填充焊

应对打底层焊道的熔渣及飞溅物进行仔细清理，尤其要注意打底焊缝和坡口面处死角的焊渣清理。填充层分两道进行焊接，每一道焊接时的焊条角度同打底焊时相同。填充焊时，在距离焊缝始端 10 mm 处引弧后，将电弧拉回始焊端，为了防止填充层形成凸形焊缝，采用月牙形运条法横向摆动运条进行施焊，每次都应按此法操作，并注意焊缝两边的停留，避免焊道两边出现未熔合。填充层运条方法与熔池温度形状如图 2–2–21 所示。

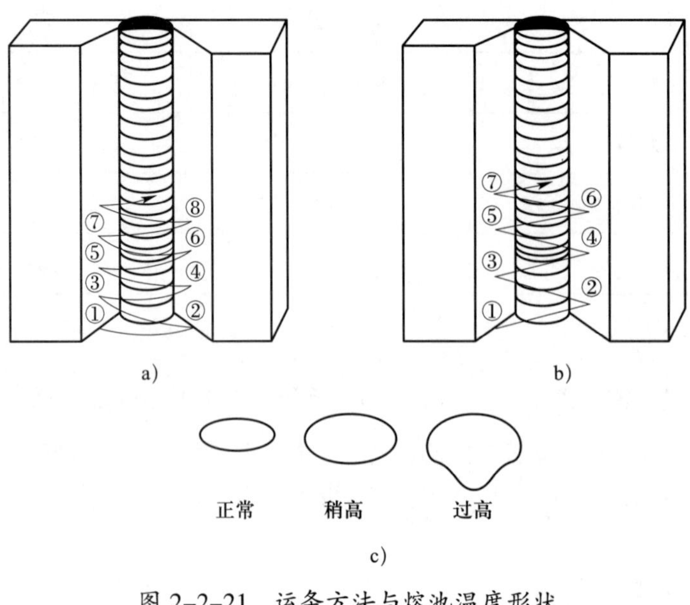

图 2-2-21　运条方法与熔池温度形状

a）__________　b）__________　c）__________

最后一层填充层的厚度，应使其比母材表面低 1 ~ 1.5 mm，且应呈凹形，不得熔化坡口棱边，以利于盖面层保持平直，如图 2-2-22 所示。

（5）盖面焊

盖面焊时，焊接电弧要控制得短些，焊条摆动的幅度比填充焊时大些，运条速度要均匀一致，向上运条时的间距力求相等，使每个新熔池覆盖前一个熔池的 2/3 ~ 3/4。焊条摆动到坡口边缘时，要稍作停留（见图 2-2-23），始终控制电弧熔化棱边 1 mm 左右，保持熔池对坡口边缘的良好熔合，就可获得宽度一致的平直焊缝。

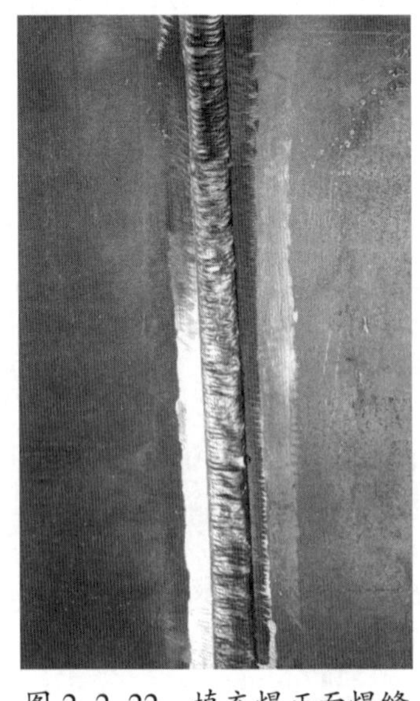

图 2-2-22　填充焊正面焊缝

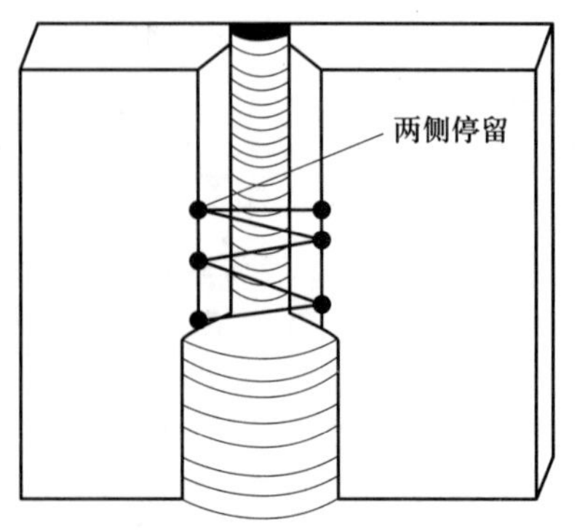

图 2-2-23　盖面焊运条方法

1）焊接时要合理运用焊条的摆动幅度和频率，并控制焊条上移的速度，掌握熔池温度和形状的变化。如发现椭圆形熔池的下部边缘由比较平直的轮廓逐渐鼓起变圆时，说明熔池温度稍高或过高，应立即灭弧、降温以避免产生焊瘤，待熔池瞬时冷却后，在熔池处重新引弧继续焊接。

2）更换焊条前收弧时，应对熔池添加熔滴，迅速更换焊条后，再在弧坑上方 10 mm 左右的填充层焊缝金属上引弧，并拉至原弧坑处稍加预热，当熔池出现熔化状态时，逐渐将电弧压向弧坑，使新形成的熔池边缘与弧坑边缘吻合，转入正常的锯齿形运条，直至完成盖面层焊接。盖面焊的正面焊缝如图 2–2–24 所示。

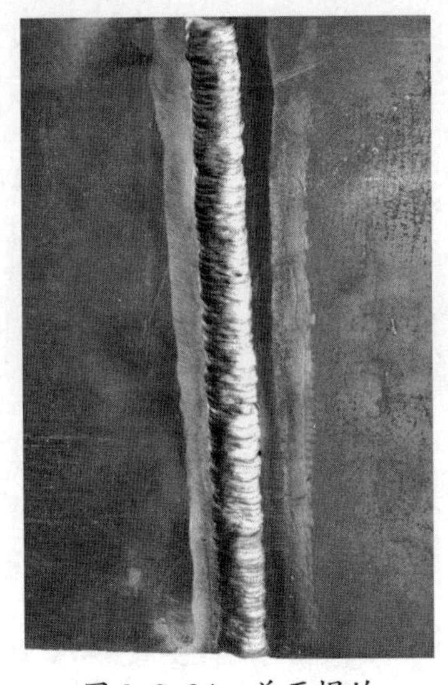

图 2–2–24　盖面焊的正面焊缝

（6）根据教师示范进行立焊单面焊双面成形操作练习，总结在操作过程中，自己哪部分焊得比较好，哪部分焊得不好，以及为什么。

（7）对照焊后实物，对板对接立焊（单面焊双面成形）工件进行外观质量检测，记录缺陷内容，填写缺陷性质。

缺陷 1：________________

缺陷 2：________________

缺陷 3：________________

缺陷 4：________________

（8）查阅资料并结合操作中的经验进行分析。

1）分析焊缝出现夹渣的原因和预防措施。

2）分析焊缝中出现咬边的原因和预防措施。

3）分析焊缝中出现焊瘤的原因和预防措施。

四、焊接检验

1．根据图样要求完成焊条电弧焊立板对接（单面焊双面成形）焊接操作，并进行自检和互检。

（1）焊接操作完毕后清理焊缝表面，检查焊缝质量，填写表 2–2–16。

表 2–2–16　　板对接立焊（单面焊双面成形）评分标准

序号	考核内容	考核要点	配分	评分标准	扣分	得分
1	焊前准备	焊机、工具的检查	5	未按要求执行不得分		
		正确使用焊机和调整焊机	5	未按要求执行不得分		
2	焊缝外观质量	焊缝余高	7	1 ～ 3 mm，超出范围不得分		
		焊缝高度差	7	余高差 <1 mm，每超差 0.5 mm 扣 1 分		
		焊缝宽度	7	17 ～ 19 mm，超出范围不得分		
		焊缝宽度差	7	每超差 1 mm 扣 1 分		
		表面气孔与夹渣	7	有气孔夹渣不得分		
		角变形与错边量	7	每超差 1 mm 扣 2 分		
		焊缝成形	14	过渡圆弧光滑，有一处过渡不光滑扣 2 分		
		背面凹陷	7	0 ～ 15 mm，超出范围不得分		
		咬边	7	深度≤ 0.5 mm，超出范围不得分		
3	6S 管理实施	劳保用品穿戴	4	劳保用品未按要求穿戴不得分		
		焊接过程	4	焊接过程中有违反安全操作规程现象不得分		
		现场清理	2	现场未清理干净或工具未摆放整齐不得分		
4	焊缝表面保持原始状态		10	焊件有修磨、补焊等破坏焊缝表面现象不得分		
5	否决项			焊缝表面有气孔、夹渣、裂纹缺陷之一，该试样为 0 分		
总　分						

（2）各小组自检本组完成的焊件质量，记录小组平均分，再由其他小组检验该组最好及最差的两个焊件质量，取平均分后填入表 2–2–17 并展示。

表 2–2–17　检查结果

类别	小组自检成绩				
编号	焊件 1	焊件 2	……	最高分	最低分
得分					
平均分					

2．按照世界技能大赛外观检验标准进行评分，计算评分结果并填入表 2–2–18 中。

表 2–2–18　外观检验标准

序号	分值	评分内容	要求	实测值 / 结果	得分
1	0.5	对接焊缝咬边或未焊透是否在允许范围内	是		
		允许咬边最大深度为 0.5 mm			
		不允许有未焊透			
2	0.5	对接焊缝余高是否在允许范围内	是		
		允许余高≤ 2.5 mm，且同一焊道的变化范围≤ 1.5 mm			
3	0.5	对接焊缝宽度是否均匀一致	是		
		允许宽窄差≤ 2 mm			
4	0.4	对接焊缝无电弧擦伤	是		
5	0.5	盖面和根部焊道表面无打磨痕迹			
6	0.5	对接焊缝根部凹陷是否在允许范围内，允许最大值为 0.5 mm	是		
		如果熔透率 <100% 则为 0 分			
7	0.5	对接焊缝根部凸度是否在允许范围内，允许最大值为 2 mm	是		
		如果熔透率 <100% 则为 0 分			
总分		3.4 分	实际得分		

3．每名同学写一份学习小结，字数不少于 200 字。各组派一名代表陈述。

五、子活动学习评价

根据学习过程完成本学习子活动评价。

学习活动评价表

子活动名称：板对接立焊　　组名：________　　学生姓名：________

<table>
<tr><th colspan="2" rowspan="3">评价项目</th><th rowspan="3">评价内容</th><th colspan="3">评价方式</th><th rowspan="3">权重</th><th rowspan="3">得分小计</th><th rowspan="3">总分</th></tr>
<tr><th>自我评价</th><th>小组评价</th><th>教师评价</th></tr>
<tr><th>10%</th><th>40%</th><th>50%</th></tr>
<tr><td rowspan="5">关键能力</td><td rowspan="3">社会能力</td><td>安全文明操作</td><td></td><td></td><td></td><td>10%</td><td rowspan="3"></td><td rowspan="6"></td></tr>
<tr><td>团队协作能力</td><td></td><td></td><td></td><td>10%</td></tr>
<tr><td>沟通表达能力</td><td></td><td></td><td></td><td>10%</td></tr>
<tr><td rowspan="2">方法能力</td><td>信息处理能力</td><td></td><td></td><td></td><td>10%</td><td rowspan="2"></td></tr>
<tr><td>学习能力</td><td></td><td></td><td></td><td>10%</td></tr>
<tr><td colspan="2">专业能力</td><td>焊接质量</td><td></td><td></td><td></td><td>50%</td><td></td></tr>
<tr><td colspan="2">指导教师综合评价</td><td colspan="7">得分总计：

指导教师签名：　　　　日期：</td></tr>
</table>

子活动 3　焊条电弧焊管板插入式平角焊

钢管板插入式平角焊焊接技能是完成水箱焊接任务的必备技能，该位置焊接在工业生产中也较为常见。

学习过程

活动简介：低碳钢管板插入式平角焊技能是管板焊接的基础性技能。其焊接位置基本处于平焊位，简单易学，焊工需要从焊件图中读取相关信息，并按照焊接工艺卡规定的参数进行焊接。

一、焊件图与焊接工艺卡

1．焊件图（见图 2–2–25）

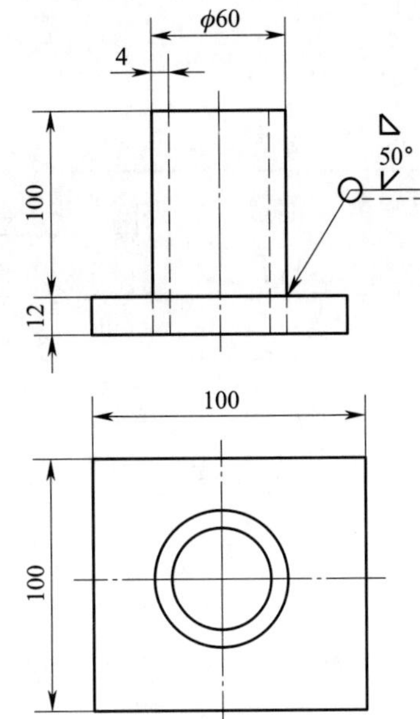

技术要求

1. 单面焊双面成形。
2. 焊脚高度$K=(6\pm1)$ mm。
3. 钢板孔与钢管同心装配。

图 2–2–25　焊件图

从图中可以看出，管材尺寸为 φ60 mm×4 mm×100 mm，板材尺寸为________。

2．焊接工艺卡（见表 2–2–19）

表 2–2–19　管板插入式平角焊工艺卡

<table>
<tr><td colspan="2">母材</td><td>Q235</td><td>焊接位置</td><td>插入式管板</td><td>焊接材料</td><td>E4303</td></tr>
<tr><td colspan="2">焊接方法</td><td>焊条电弧焊</td><td>成形工艺</td><td>多层多道</td><td>焊条直径</td><td>φ2.5 mm 或 φ3.2 mm</td></tr>
<tr><td colspan="2">焊接参数</td><td>电流 /A</td><td>电压 /V</td><td colspan="3">电源种类及极性</td></tr>
<tr><td rowspan="2">焊接层数</td><td>一层一道</td><td>80 ～ 95</td><td>22 ～ 24</td><td colspan="3">直流反接</td></tr>
<tr><td>二层一道</td><td>110 ～ 135</td><td>22 ～ 24</td><td colspan="3">直流反接</td></tr>
<tr><td colspan="2">序号</td><td colspan="5">施焊要求</td></tr>
<tr><td colspan="2">1</td><td colspan="5">在坡口及坡口边缘各 20 mm 范围内，将油污、锈垢、氧化皮清除，直至呈现金属光泽</td></tr>
<tr><td colspan="2">2</td><td colspan="5">焊脚高度 K=（b±1）mm</td></tr>
<tr><td colspan="2">3</td><td colspan="5">注意根部焊透</td></tr>
<tr><td colspan="2">4</td><td colspan="5">焊缝外观不允许有裂纹、未熔合、脱节、焊偏、焊瘤、气孔、夹渣等缺陷，尺寸符合图样要求</td></tr>
<tr><td colspan="2">结构图</td><td colspan="5">4　50°　12　12　1~2</td></tr>
</table>

二、焊前准备

1．填写表 2–2–20。

表 2–2–20　　焊接所需设备、材料等清单

安全防护用品	母材与焊材	焊接设备	板对接辅助工具	焊缝检测工量具
1				
2				
3				
4				
5				
6				

2. 通过网络或书籍等查阅资料，制订管板插入式平角焊焊接任务的工作计划，确定施工步骤。

3．小组讨论并写出焊件表面清理中有哪些安全注意事项，选出一名代表阐述理由。各组每人选取至少一对焊件进行表面清理并自检及组内互检，由其他组派代表抽检本组一对焊件，检查表面清理质量和该组安全操作、防护及 6S 管理内容。

三、装配与焊接

1．板坡口形式及组对示意图如图 2–2–26 所示。V 形坡口为 50°±5°，板钝边为 0 mm，装配间隙为 1 ~ 2 mm，定位焊缝位置为坡口内圆周平分三点，定位焊缝长度为 10 mm。

2．焊接

（1）焊接位置示意图（见图 2–2–27）

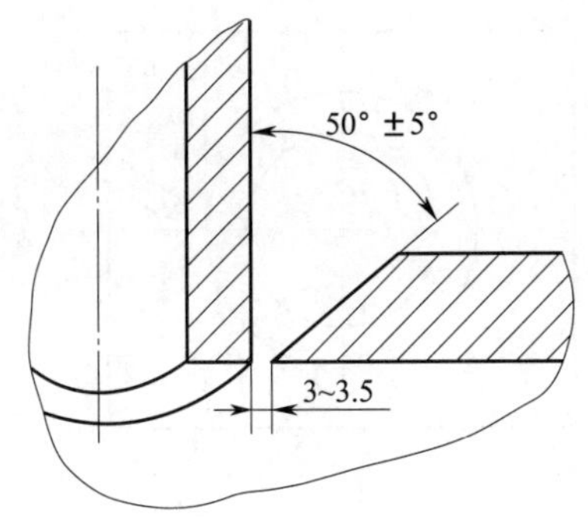

图 2–2–26　板坡口形式及组对示意图

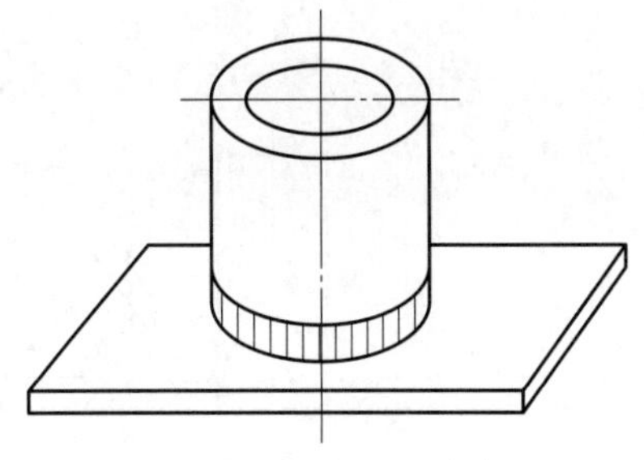

图 2–2–27　焊接位置示意图

（2）主要焊接参数（见表 2–2–21）

表 2-2-21　　主要焊接参数

焊道分布	焊条型号	焊缝层次	焊条直径 /mm	焊接电流 /A
	E5015（J507）	打底层（第 1 道）	ϕ3.2	115 ～ 130
		盖面层（第 1 道）	ϕ3.2	115 ～ 125
		盖面层（第 2 道）	ϕ3.2	110 ～ 125

3. 操作要点

（1）打底焊

1）引弧。采用划擦法将电弧在坡口内引燃，稍做稳弧预热，向坡口根部压送，待根部熔化并被击穿，形成熔孔。

2）运条方式、焊条角度和电弧的控制。熔孔形成后，稍提起焊条，保持短弧、小幅度锯齿形摆动，坡口两侧略做停留，连弧施焊。焊条角度如图 2–2–28 所示，焊接过程中应灵活转动手臂和手腕，保持均匀的运动。焊接电弧的 1/3 保持在熔孔处，2/3 覆盖在熔池上。

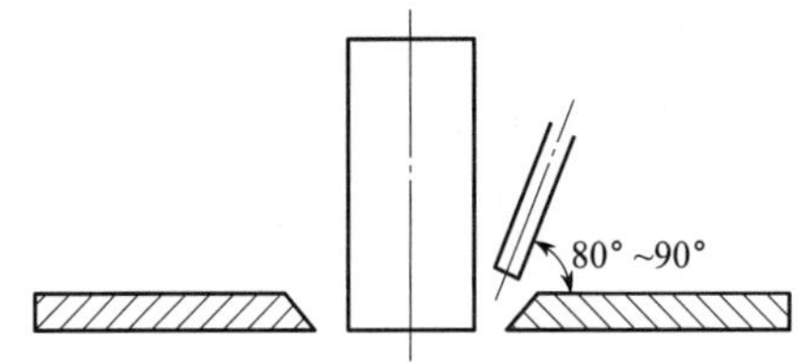

图 2–2–28　打底焊焊条角度

3）焊道接头。中间接头采用冷接法或热接法。更换焊条前，电弧回拉并熄弧，使弧坑呈斜坡状；在距缓坡底 10 ～ 15 mm 处引弧，电弧移至弧坑前沿，重新形成熔孔后，再继续焊接。封闭接头，采用冷接法接头。接头前，先将待焊的焊缝两端打磨成斜面，然后再按冷接法接头。

（2）填充焊

填充焊前将打底层焊道上的熔渣及飞溅清理干净。焊接时，坡口两侧要熔合良好，焊条在管侧摆动幅度不能过大，易产生咬边，控制焊条角度，焊条与板侧角度大些，如图 2–2–29 所示。保证板侧和管子侧温度均衡，填充层焊缝要平整，不能凸出过高，也不能过宽。

（3）盖面焊

盖面层焊两条焊道，先焊下面焊道。第 5 条焊道应覆盖第 4 条焊道上面的 1/2 或 2/3，必要时，还可以

在上面用 ϕ2.5 mm 焊条再焊一圈，以免产生咬边，盖面焊焊脚应对称并符合尺寸要求，避免在管子一侧发生咬边，焊道不要出现凹槽或凸起，焊条与焊接方向的夹角如图 2-2-30 所示。

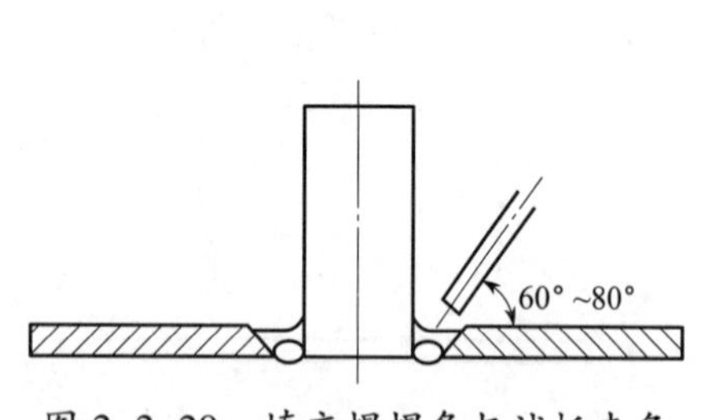

图 2-2-29　填充焊焊条与试板夹角

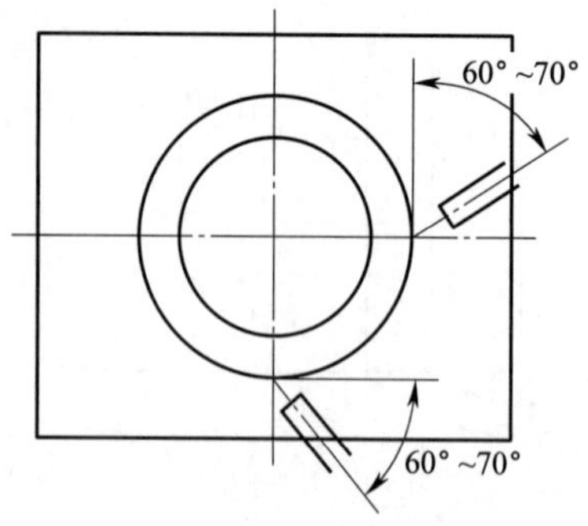

图 2-2-30　焊条与焊接方向的夹角

4．施焊要求

（1）在第一层焊缝长度中部附近至少有一个停弧再焊接头。

（2）必须采用单面焊接。

（3）除第一层和中间层焊道在更换焊条时允许修磨接头部位外，其他焊道不允许修磨和返修。

（4）焊件要求全焊透。

（5）焊件数量为 2 个，不得多焊。

5．外观检查

（1）检查方法

采用目视或者 5 倍放大镜等方法进行观察检查。背面焊缝宽度可不测定。

（2）检查基本要求

1）焊缝表面应当是焊后原始状态，焊缝表面没有加工修磨或者返修焊痕迹。

2）2 个焊件外观检查的结果均符合各项要求，则该项焊件的外观检查为合格，否则为不合格。

（3）检查内容与评定指标

1）焊缝表面不得有裂纹、未熔合、夹渣、气孔、焊瘤或未焊透等缺陷。

2）咬边深度不大于 0.5 mm，焊缝两侧咬边总长度不得超过 18 mm。

3）背面凹坑深度不大于 2 mm，总长度不超过 18 mm。

4）背面焊缝的余高不大于 3 mm。

5）焊缝的凹度或凸度不大于 1.5 mm。

6）管侧焊脚高度为 2 ～ 4 mm。

6．按照教师示范以及讲解的操作要领进行练习，总结在操作过程中，自己哪部分焊得比较好，哪部分焊得不好，以及为什么。

四、焊接检验

1．根据图样要求完成焊条电弧焊管板插入式平角焊的操作，并进行自检和互检。

（1）焊接操作完毕后清理焊缝表面，检查焊缝质量，填写表 2-2-22。

表 2-2-22　　焊条电弧焊管板插入式平角焊评分标准

序号	考核内容	检验项目	评分标准	配分	检验结果	得分
1	焊前准备	劳保着装及工具准备齐全，参数设置、设备调试正确	劳保着装及工具准备不符合要求，参数设置及设备调试不正确，有一项扣 1 分	5		
2	焊接操作	焊件固定的空间位置符合要求	焊件固定的空间位置超出规定范围不得分	5		
3	焊缝外观	焊缝宽度	7 ~ 9 mm，低于 7 mm 或大于 10 mm 不得分	10		
		宽度差	<1 mm，超差不得分	10		
		焊缝余高	0 ~ 3 mm，低于母材或超过 3 mm 不得分	10		
		焊缝余高差	<1 mm，超过 3 mm 不得分	10		
		错边量	<0.5 mm，超过 2 mm 不得分	5		
		变形量	<3°，超标不得分	5		
		焊缝外观成形	每处缺陷扣 5 分	20		
		气孔	不允许，出现缺陷该项不得分	5		
		焊瘤	不允许，出现缺陷该项不得分	5		
4	其他	焊件电弧划伤	不允许，出现缺陷该项不得分	5		
		安全文明生产	6S 管理，设备复原，工具摆放整齐，清理焊件，打扫场地，关闭电源，每有一处不符合要求扣 1 分	5		

（2）记录在检验过程中发现的缺陷。

缺陷 1：

缺陷 2：

缺陷 3：

（3）记录检验结果

检验结果

检测方式	自检（10%）	小组检测（40%）	教师检测（50%）	总分
得分				

2．每名同学写一份学习小结，字数不少于 200 字。各组派一名代表陈述。

五、子活动学习评价

根据学习过程完成本学习子活动评价。

学习活动评价表

子活动名称：插入式平角焊　　组名：＿＿＿＿＿　　学生姓名：＿＿＿＿＿

<table>
<tr><td colspan="2" rowspan="3">评价项目</td><td rowspan="3">评价内容</td><td colspan="3">评价方式</td><td rowspan="3">权重</td><td rowspan="3">得分小计</td><td rowspan="3">总分</td></tr>
<tr><td>自我评价</td><td>小组评价</td><td>教师评价</td></tr>
<tr><td>10%</td><td>40%</td><td>50%</td></tr>
<tr><td rowspan="5">关键能力</td><td rowspan="3">社会能力</td><td>安全文明操作</td><td></td><td></td><td></td><td>10%</td><td rowspan="3"></td><td rowspan="6"></td></tr>
<tr><td>团队协作能力</td><td></td><td></td><td></td><td>10%</td></tr>
<tr><td>沟通表达能力</td><td></td><td></td><td></td><td>10%</td></tr>
<tr><td rowspan="2">方法能力</td><td>信息处理能力</td><td></td><td></td><td></td><td>10%</td><td rowspan="2"></td></tr>
<tr><td>学习能力</td><td></td><td></td><td></td><td>10%</td></tr>
<tr><td colspan="2">专业能力</td><td>焊接质量</td><td></td><td></td><td></td><td>50%</td><td></td></tr>
<tr><td colspan="2">指导教师
综合评价</td><td colspan="7">得分总计：

指导教师签名：　　　　　　日期：</td></tr>
</table>

子活动 4 CO_2 气体保护焊平转角焊

CO_2 气体保护焊平转角焊是完成水箱焊接的必备技能之一。

学习过程

活动简介：CO_2 气体保护焊平转角焊技能是管板焊接的基础性技能。其焊接位置也是世界技能大赛容器焊接的位置之一。焊接位置基本处于平焊位，简单易学，焊工需要从焊件图中读取相关信息，并按照焊接工艺卡规定的参数进行焊接。

一、焊接工艺卡（见表 2–2–23）

板材的材料为 Q235，规格为 200 mm×80 mm×10 mm。采用 CO_2 气体保护焊，焊缝余高为（2±1）mm，焊缝宽度为（8±1）mm。

表 2–2–23 平转角焊接工艺卡

<table>
<tr><td>工程名称</td><td colspan="4">平转角焊接工艺卡</td><td>工艺卡编号</td><td colspan="4">01</td></tr>
<tr><td>材质</td><td>Q235</td><td>规格</td><td colspan="2">200 mm×80 mm×10 mm</td><td>焊接方法</td><td>CO₂ 气体保护焊</td><td>焊工资格</td><td colspan="2">初级焊工</td></tr>
<tr><td>焊评编号</td><td colspan="4">无</td><td>无损检测</td><td>无</td><td>合格等级</td><td colspan="2">Ⅱ级焊缝</td></tr>
<tr><td>适用范围</td><td colspan="9"></td></tr>
<tr><td rowspan="2">焊接参数</td><td>层数</td><td colspan="2">焊接方法</td><td>焊材及规格</td><td>电源极性</td><td>焊接电流 /A</td><td>焊接电压 /V</td><td>焊接速度 /（mm·min⁻¹）</td><td>气体流量 /（L·min⁻¹）</td></tr>
<tr><td>3</td><td colspan="2">CO₂ 气体保护焊</td><td>H08Mn2SiA、ϕ 1.0 mm</td><td>交流或直流</td><td>150 ~ 220</td><td>19 ~ 25</td><td>350 ~ 450</td><td>15 ~ 20</td></tr>
<tr><td>技术要求</td><td colspan="9">1. 焊前准备：在焊接区域边缘各 20 mm 范围内，将油污、锈垢、氧化皮清除，直至呈现金属光泽，焊丝也要进行清理；板角焊缝定位在焊缝反面两端和中心区域进行，定位焊缝长度不大于 20 mm。
2. 焊接操作：按确定的焊接参数进行焊接。焊接时，焊丝在两边稍做停留，并熔化两边缘各 1 ~ 2 mm，换焊条或断弧后再引弧，然后正常焊接。焊脚高度 K>8 mm；注意根部焊透；焊缝外观不允许有裂纹、未熔合、脱节、焊偏、焊瘤、气孔、夹渣等缺陷。尺寸符合图样要求。</td></tr>
</table>

二、焊前准备

1．将焊接所需的设备、材料、工具、安全防护用品和检测工具填入表 2–2–24。

表 2-2-24 焊接所需设备、材料等清单

序号	安全防护用品	母材与焊材	焊接设备	板对接辅助工具	焊缝检测工量具
1					
2					
3					
4					
5					
6					

2．通过网络或书籍等查阅资料，制订管板插入式平角焊焊接任务的工作计划，确定施工步骤。

3．小组讨论并写出焊件表面清理中有哪些安全注意事项，派代表阐述理由。各组每人选取至少一对焊件进行表面清理并自检及组内互检，由其他组派代表抽检本组一对焊件，检查表面清理质量和该组安全操作、防护及 6S 管理情况。

三、装配与焊接

1．组对

焊件组对间隙为 0 ~ 2 mm。

2．定位焊

定位焊时定位焊缝长度为 10 ~ 15 mm，焊脚高度为 6 mm，焊件两端各一处。焊件定位焊如图 2-2-31 所示。

图 2-2-31　焊件定位焊

3．主要焊接参数（见表 2-2-25）

表 2-2-25　主要焊接参数

焊接层次	焊丝直径 /mm	焊丝干伸长量 /mm	焊接电流 /A	焊接电压 /V	气体流量 /（L・min^{-1}）	焊接速度 /（cm・min^{-1}）
打底层	1.2	13 ~ 18	180 ~ 200	21 ~ 22	15 ~ 20	350 ~ 450
填充层	1.2	13 ~ 18	200 ~ 220	23 ~ 25	15 ~ 20	350 ~ 450
盖面层	1.2	12 ~ 15	150 ~ 180	19 ~ 21	10 ~ 15	350 ~ 450

四、操作要点

1．打底层的焊接

（1）焊接时采用左焊法，一层一道。焊枪角度如图 2-2-32 所示。

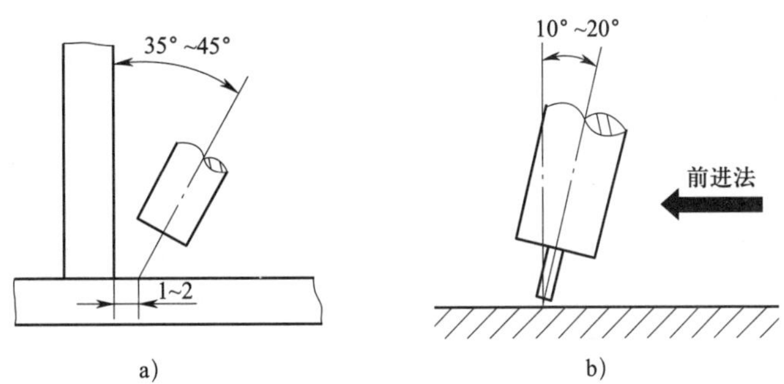

图 2-2-32　水平角焊焊枪角度

a）正面　b）反面

（2）调整好焊接参数后，在试板的右端引弧，从右向左焊接。

（3）焊枪指向距根部 1 ~ 2 mm 处，由于采用的焊接电流比较大，焊接速度可以稍快，同时要适当地做锯齿形横向摆动。

2．填充层的焊接

采用锯齿或月牙形运条法，焊条角度与打底焊相同，注意两侧停顿保证与母材熔合良好。

3．盖面层的操作

采用锯齿或月牙形运条法，焊枪移动速度应均匀，两侧停顿保证与母材熔合良好，避免出现咬边。

五、焊后清理

1．清理要求

焊接完毕后，用砂纸或钢丝刷将焊缝处的飞溅清理干净。

2．清理内容

将焊缝及焊件上的飞溅、氧化皮清理干净。

3．注意事项

（1）施焊过程中要灵活掌握焊接速度，防止产生未熔合、气孔、咬边等缺陷。

（2）熄弧时焊枪禁止突然离开焊缝，在弧坑处稍做停留，待弧坑填满后再收弧，以防止产生裂纹和气孔。

（3）当板厚不同时，应使电弧偏向板厚的一侧，正确调整焊枪角度以防止咬边和焊缝下垂。

按照教师示范以及讲解的操作要领进行操作练习，总结在操作过程中，自己哪部分焊得比较好，哪部分焊得不好，以及为什么。

六、焊接检验

1．根据图样要求完成 CO_2 气体保护焊平转角焊的操作，并进行自检和互检。

2．焊接操作完毕后清理焊缝表面，检查焊缝质量，填写表 2–2–26。

表 2–2–26　　CO_2 气体保护焊平转角焊评分标准

序号	考核内容	检验项目	评分标准	配分	检验结果	得分
1	焊前准备	劳保着装及工具准备齐全，参数设置、设备调试正确	劳保着装及工具准备不符合要求，参数设置及设备调试不正确，有一项扣1分	5		
2	焊接操作	焊件固定的空间位置符合要求	焊件固定的空间位置超出规定范围不得分	5		

续表

序号	考核内容	检验项目	评分标准	配分	检验结果	得分
3	焊缝外观	焊缝宽度	7 ~ 9 mm，低于 7 mm 或大于 9 mm 不得分	10		
		宽度差	<1 mm，宽度差超过 3 mm 不得分	10		
		余高	0 ~ 3 mm，低于母材或超过 3 mm 不得分	10		
		高低差	<1 mm，超过不得分	10		
		错边量	<0.5 mm，超过不得分	5		
		变形量	<3°，超标不得分	5		
		焊缝外观成形	每处缺陷扣 5 分	20		
		气孔	不允许，出现缺陷不得分	5		
		焊瘤	不允许，出现缺陷不得分	5		
4	其他	焊件电弧划伤	不允许，出现缺陷不得分	5		
		安全文明生产	6S 管理，设备复原，工具摆放整齐，清理焊件，打扫场地，关闭电源，每有一处不符合要求扣 1 分	5		

3．在检验过程中发现的缺陷有哪些？并填写检验结果记录表（见表 2-2-27）。

缺陷 1：

缺陷 2：

缺陷 3：

表 2-2-27　　检验结果记录表

检测方式	自检（10%）	小组检测（40%）	教师检测（50%）	总分
得分				

4. 每名同学写一份学习小结，字数不少于 200 字。各组派一名代表陈述。

七、子活动学习评价

学习活动评价表

子活动名称：平转角焊　　组名：________　　学生姓名：________

<table>
<tr><td colspan="2" rowspan="3">评价项目</td><td rowspan="3">评价内容</td><td colspan="3">评价方式</td><td rowspan="3">权重</td><td rowspan="3">得分小计</td><td rowspan="3">总分</td></tr>
<tr><td>自我评价</td><td>小组评价</td><td>教师评价</td></tr>
<tr><td>10%</td><td>40%</td><td>50%</td></tr>
<tr><td rowspan="5">关键能力</td><td rowspan="3">社会能力</td><td>安全文明操作</td><td></td><td></td><td></td><td>10%</td><td rowspan="3"></td><td rowspan="6"></td></tr>
<tr><td>团队协作能力</td><td></td><td></td><td></td><td>10%</td></tr>
<tr><td>沟通表达能力</td><td></td><td></td><td></td><td>10%</td></tr>
<tr><td rowspan="2">方法能力</td><td>信息处理能力</td><td></td><td></td><td></td><td>10%</td><td rowspan="2"></td></tr>
<tr><td>学习能力</td><td></td><td></td><td></td><td>10%</td></tr>
<tr><td colspan="2">专业能力</td><td>焊接质量</td><td></td><td></td><td></td><td>50%</td><td></td></tr>
<tr><td colspan="2">指导教师综合评价</td><td colspan="7">得分总计：

指导教师签名：　　　　日期：</td></tr>
</table>

子活动 5　学习活动评价

学习活动评价表

学习活动名称：技能准备　小组名称：________　组员姓名：________

<table>
<tr><td colspan="2" rowspan="3">评价项目</td><td rowspan="3">评价内容</td><td colspan="2">焊条电弧焊
横对接</td><td colspan="2">焊条电弧焊
立对接</td><td colspan="2">焊条电弧焊管板
插入式平焊</td><td colspan="2">CO_2 气体保护焊
平转角焊</td><td rowspan="3">权重</td><td rowspan="3">总分</td></tr>
<tr><td colspan="2">20%</td><td colspan="2">30%</td><td colspan="2">20%</td><td colspan="2">30%</td></tr>
<tr><td>小分</td><td>总分</td><td>小分</td><td>总分</td><td>小分</td><td>总分</td><td>小分</td><td>总分</td></tr>
<tr><td rowspan="5">关键能力</td><td rowspan="3">社会能力</td><td>安全文明操作</td><td></td><td rowspan="6"></td><td></td><td rowspan="6"></td><td></td><td rowspan="6"></td><td></td><td rowspan="6"></td><td>10%</td><td rowspan="6"></td></tr>
<tr><td>团队协作能力</td><td></td><td></td><td></td><td></td><td>10%</td></tr>
<tr><td>沟通表达能力</td><td></td><td></td><td></td><td></td><td>10%</td></tr>
<tr><td rowspan="2">方法能力</td><td>信息处理能力</td><td></td><td></td><td></td><td></td><td>10%</td></tr>
<tr><td>学习能力</td><td></td><td></td><td></td><td></td><td>10%</td></tr>
<tr><td colspan="2">专业能力</td><td>焊接质量</td><td></td><td></td><td></td><td></td><td>50%</td></tr>
<tr><td colspan="2">指导教师
综合评价</td><td colspan="11">得分总计：

指导教师签名：　　　　　　　　　　日期：</td></tr>
</table>

学习活动3 制 订 计 划

学习目标

1. 能通过技术交底和有效沟通明确水箱的焊接顺序、质量控制关键点、特殊要求、质量检验方法等，确定相应的预防和控制措施。
2. 能根据产品加工流程编写水箱焊接工作计划。
3. 能集体讨论、审定工作计划。
4. 能根据审定意见完善工作计划。
5. 能确定最终的工作计划并实施。

学习活动描述

完成水箱焊接过程中工作计划的制订，听取其他建议并审定、完善本小组制订的工作计划。

总学时：10 学时

子活动与建议学时

子活动	内容	学时
子活动 1	工作计划编写	4 学时
子活动 2	工作计划审定	4 学时
子活动 3	学习活动评价	2 学时

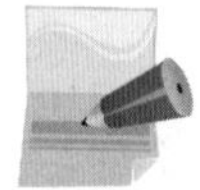

学习准备

资料与材料：工作页、技术标准、技术文件、专业书籍等。

设备与工具：计算机等。

子活动 1　工作计划编写

焊接结构从原材料到成品需要经过检验、下料、装配、焊接、检验等诸多环节。完成水箱焊接这一工作任务需要工程技术人员对焊接的各环节做好规划和安排。

学习过程

一、水箱生产加工一般流程

1．熟悉产品施工图样。

2．进行工艺分析，编制工艺技术文件，并制定质量保证和安全管理文件。

3．材料（板材、型材、铸件、锻件、焊材、焊剂及其他辅助材料等）准备。

4．生产设备、设施和工夹量具等的调配、安置和检修。

5．原材料复检验收—分类储存—发放。

6．材料预处理：钢材的矫平、矫直—表面处理（除锈、清理油污和氧化皮、涂防护导电漆等）。

7．划线、放样、下料。

8．通过弯曲、拉伸、压制成形等方法进行冷、热成形加工。

9．坡口加工：边缘机械加工、坡口加工（机械切割或热切割）、焊前坡口清理等。

10．装配：基本元件（零件）—划线、定位、夹紧、测量—组件—分部件装配—部件（组件）—总装配—结构整件。

11．焊接。

二、查阅 GB/T 150.2—2011《压力容器 第 2 部分：材料》、GB/T 150.3—2011《压力容器 第 3 部分：设计》、GB/T 150.4—2011《压力容器 第 4 部分：制造、检验和验收》，完成以下各题。

1．坡口要求

（1）

（2）

（3）

2．碳素钢、低合金钢的焊后热处理应符合的规定：

（1）焊件进炉时炉内温度不得高于________。

（2）升温时，加热区内任意 460 mm 长度内的温差不得大于________。

（3）保温时，加热区内最高与最低温度之差不宜超过________。

（4）升温及保温时应控制加热区气氛，防止焊件表面________。

（5）焊件出炉时，炉温不得高于 400 ℃，出炉后应在________中继续冷却。

3．焊接

应在引弧板或________引弧，________在非焊接部位引弧。

4．焊接环境出现下列任一情况时，须采取有效防护措施，否则禁止施焊。

（1）

（2）

（3）

（4）

（5）

5．以下容器的焊缝表面不得有咬边：

（1）

（2）

（3）

（4）

（5）

（6）

三、工作计划编写

1．结合前面工艺卡识读、水箱焊接工艺流程和技能准备的学习，完成下述问题，各小组派代表说明理由。

（1）写出完成本学习任务需要的工艺流程。

（2）在完成本任务中各小组需要做好哪些工作?

2．根据水箱焊接加工流程及工作具体内容，各组成员相互交流明确各环节工作要求、负责人和用时，编写小组工作计划并填写表 2–3–1。

表 2-3-1　水箱焊接工作计划表

组名：　　　　　　　　　　　　　　　　　　　　日期：　年　月　日

序号	工作内容	工作要求	负责人	用时
1				
2				
3				
4				
5				
6				
7				

子活动 2　工作计划审定

工作计划审定是对初定计划的审核与确定。对初定计划进行讨论、分析，去除不合理、不正确的内容，优化各小组工作计划。

学习过程

一、展示小组工作计划，阐述编写内容和依据。

二、审定各组计划，分析各组工作计划中存在的问题，提出意见或建议，并填写在表 2–3–2 中。

表 2–3–2　　记录表

组名：　　　　日期：　　年　　月　　日

序号	存在问题	修改意见

三、根据各组审定意见和教师点评，对工作计划进行修改完善，并填写在表 2–3–3 中。

表 2–3–3　　水箱焊接工作计划

组名：　　　　日期：　　年　　月　　日

序号	工作内容	工作要求	负责人	用时
1				
2				
3				
4				
5				
6				
7				

小贴士

1. 焊接结构工艺性审查的目的

焊接结构的工艺性是指设计的焊接结构在具体的生产条件下采用经济、有效的工艺方法加工出来的可行性。焊接结构的工艺性决定了一个产品制造快慢、质量好坏和成本高低，因此，焊接结构的工艺性好坏，也是这个结构设计好坏的重要标志之一。为了提高设计产品结构的工艺性，工厂应对所有新设计的产品和改进设计的产品以及外来产品图样，在首次生产前进行结构工艺性审查。

进行焊接结构工艺性审查的目的概括起来讲，是保证结构设计的合理性、工艺的可行性、结构使用的可靠性和经济性。此外，通过工艺性审查可以及时调整和解决工艺性方面的问题，加快工艺规程编制的速度，缩短新产品生产准备周期，减少或避免在生产过程中发生重大技术问题。通过工艺性审查，还可以提前发现新产品中关键零件或关键加工工序所需的设备和工装，以便提前安排定货和设计。

2. 工艺性审查的步骤

（1）焊接结构图样审查

焊接结构的图样是工程用语言，它主要包括新产品设计图样、继承性设计图样和按照实物测绘的图样等。由于它们工艺性完善程度不同，因此工艺性审查的侧重点也有所区别。但是，在生产前无论哪种图样都必须按基本要求进行图样审查，合格后才能交付生产准备和生产使用。对图样的基本要求：焊接结构图样应符合机械制图国家标准中的有关规定，图样应当齐全，除焊接结构的装配图外，还应有必要的部件图和零件图。

由于焊接结构一般都比较大，结构复杂，所以图样应选用适当的比例，也可在同一图样中采用不同的比例绘出。当产品结构较简单时，可在装配图上直接把零件的尺寸标注出来。根据产品的使用性能和制作工艺需要，在图样上应有齐全合理的技术要求，若在图样上不能用图形、符号表示时，应有文字说明。

（2）焊接结构技术要求审查

焊接结构技术要求主要包括使用要求和工艺要求。使用要求一般是指结构的强度、刚度、耐久性（抗疲劳、耐腐蚀、耐磨和抗蠕变等），以及在工作环境条件下焊接结构的几何尺寸、力学性能、物理性能等。而工艺要求则是指组成焊接结构材料的焊接性及结构的合理性、生产的经济性和方便性。为了满足焊接结构的技术要求，首先要分析产品的结构，了解焊接结构的工作性质及工作环境，然后必须对焊接结构的技术要求以及所执行的技术标准进行熟悉、消化理解，并结合具体的生产条件来考虑整个生产工艺能否适应焊接结构的技术要求，这样可以做到及时发现问题，提出合理的修改方案，改进生产工艺，使产品全面达到规定的技术要求。

3. 焊接结构工艺性审查的内容

在进行焊接结构工艺性审查前，除了要熟悉该结构的工艺特点和技术要求以外，还必须了解被审查产品的用途、工作条件、受力情况及产量等有关方面的问题。在进行焊接结构的工艺性审查时，主要审查以下几方面内容。

（1）从降低应力集中的角度分析结构的合理性

应力集中不仅是降低疲劳强度的主要原因，也是降低材料塑性，引起结构脆断的主要原因，对结构强度有很坏的影响。为了减少应力集中，应尽量使结构表面平滑，截面改变的地方应平缓并有合理的接头形式。一般常从以下几个方面考虑：

1）尽量避免焊缝过于集中。

2）尽量采用合理的接头形式。对于重要的焊接接头应采用开坡口的焊缝，防止因未焊透而产生应力集中。应设法将角接接头和T形接头转化为应力集中系数较小的对接接头。

3）尽量避免构件截面的突变。

在截面变化的地方必须采用圆滑过渡或平缓过渡，不要形成尖角。

4）应用复合结构。复合结构具有发挥各种工艺长处的特点，如根据具体情况可以采用铸造、锻造和压制工艺，将复杂的接头简化，把角焊缝改成对接焊缝等。这样不仅降低了应力集中，而且改善了工艺性。

（2）从减小焊接应力与变形的角度分析结构合理性

1）尽可能地减少结构上的焊缝数量和焊缝的填充金属量。这是设计焊接结构时一条最重要的原则。

2）尽可能地选用对称的构件截面和焊缝位置，这种焊缝位置在焊后能得到较小的弯曲变形。

3）尽可能地减小焊缝截面尺寸。在不影响结构强度与刚度的前提下，尽可能地减小焊缝截面尺寸或把连续角焊缝设计成断续角焊缝，减少塑性变形区的范围，使焊接应力与变形减少。

4）采用合理的装配焊接顺序。对复杂的结构应采用分部件装配法，尽量减少总装焊缝数量并使之分布合理，这样能大大减小结构的变形。

5）尽量避免各条焊缝相交。

（3）从焊接生产工艺性分析结构的合理性

1）尽量使结构具有良好的可焊到性。

2）保证接头具有良好的可探到性。

3）尽量选用焊接性好的材料来制造焊接结构。

（4）从焊接生产的经济性分析结构的合理性

合理节约材料和缩短焊接产品加工时间，不仅可以降低成本，而且可以减轻产品重量，便于加工和运输，所以在工艺性审查时应重视。

1）使用材料一定要合理。

2）尽量减少生产劳动量。例如，合理地确定焊缝尺寸，尽量取消多余的加工，尽量利用型钢和标准件，尽量采用先进的焊接方法。

子活动 3　学习活动评价

根据学习过程对制订计划活动的全过程进行评价。

学习活动评价表

学习活动名称：制订计划　　小组名称：＿＿＿＿＿　　组员姓名：＿＿＿＿＿

<table>
<tr><td rowspan="3" colspan="2">评价项目</td><td rowspan="3">评价内容</td><td colspan="3">评价方式</td><td rowspan="3">权重</td><td rowspan="3">得分小计</td><td rowspan="3">总分</td></tr>
<tr><td>自我评价</td><td>小组评价</td><td>教师评价</td></tr>
<tr><td>10%</td><td>40%</td><td>50%</td></tr>
<tr><td rowspan="5">关键能力</td><td rowspan="3">社会能力</td><td>团队协作能力</td><td></td><td></td><td></td><td>20%</td><td rowspan="3"></td><td rowspan="5"></td></tr>
<tr><td>沟通表达能力</td><td></td><td></td><td></td><td>20%</td></tr>
<tr><td>问题解决能力</td><td></td><td></td><td></td><td>20%</td></tr>
<tr><td rowspan="2">方法能力</td><td>信息处理能力</td><td></td><td></td><td></td><td>20%</td><td rowspan="2"></td></tr>
<tr><td>学习能力</td><td></td><td></td><td></td><td>20%</td></tr>
<tr><td colspan="2">指导教师综合评价</td><td colspan="7">得分总计：

指导教师签名：　　　　　　　　日期：</td></tr>
</table>

学习活动 4 任务实施

学习目标

1. 能根据工作计划完成水箱焊前各项准备工作。
2. 能按照焊接工艺卡完成水箱的焊接工作。

学习活动描述

任务实施包含焊前准备、装配与焊接、焊后清理和质量自检等环节，是完成水箱焊接任务的关键。

总学时：34 学时

子活动与建议学时

子活动 1　焊前准备　　　2 学时

子活动 2　装配与焊接　　30 学时

子活动 3　学习活动评价　2 学时

子活动 1 焊前准备

水箱焊前准备主要有焊接设备、材料、工具和场地准备、焊前安全检查等内容，焊工需要做好焊接的个人安全防护准备，以保障焊接的顺利实施。

学习过程

一、场地准备

水箱焊接场地要求同料箱焊接场地相同。

二、焊接设备、工具、母材、焊材准备

1．检查是否有明显的接地线，且接触良好；焊接接地就近搭接。

2．检查绝缘的可靠性、接线的正确性、网路电压与电源的铭牌吻合。

3．开机空转 5 min，检查噪声、振动情况及各按钮动作是否灵活有效。

4．焊接设备包括________、________、________、________、________、________、________。

5. 母材：____。

6．焊接材料：____。

7．劳动防护用品：____等。

8．焊接辅助工具：____。

9．测量工具：________________________________等。

10．焊前需对________________________________和设备等进行安全检查，填写设备检查表 2–4–1。

表 2–4–1　　设备检查表

检查项目	检查情况	解决措施	注意事项
一次线连接情况			
二次线连接情况			
控制面板调节功能			
焊枪损坏情况			
焊接功能			
供气系统情况			
冷却系统			

11．焊缝坡口的加工及装配尺寸按________的规定，可以自行加工，也可以外购已经加工好的管材。外购的材料需要进行________、________等检验。

12．施焊前坡口两侧管口附近各________ mm 范围内要清理干净，焊丝表面要擦干净，直至露出金属光泽，以防铁锈、油污等杂质进入熔池，影响焊接质量。

子活动 2　装配与焊接

装配和焊接是水箱焊接中最主要的施工环节。装配质量的高低影响焊接工作能否顺利进行，焊接参数的选用和焊接操作决定焊接质量的好坏。

学习目标

1. 能根据焊接工艺文件进行水箱装配，确认装配质量符合要求。

2. 能根据水箱的结构和焊接变形特点，确定合理的预防焊接变形措施。

3. 能严格执行焊接工艺文件，熟练运用 CO_2 气体保护焊、焊条电弧焊焊接方法完成水箱焊接。

4. 能解决水箱焊接工作过程中的常见和复杂问题。

建议学时：30 学时。

学习过程

一、水箱装配

1. 对照水箱焊接工艺卡，将焊接参数填写在表 2-4-2、表 2-4-3 中。

表 2-4-2　水箱 CO_2 气体保护焊对接焊缝焊接参数表

焊接层次	焊接电流 /A	焊接电压 /V	CO_2 气体流量 /（L·min^{-1}）	焊丝直径 /mm	焊丝干伸长 /mm	喷嘴与焊件距离 /mm
一层						

表 2-4-3　水箱 CO_2 气体保护焊角焊缝焊接参数表

焊接电流 /A	焊接电压 /V	CO_2 气体流量 /（L·min^{-1}）	焊丝直径 /mm	喷嘴直径 /mm	焊丝干伸长 /mm	喷嘴与焊件距离 /mm

2. 装配时，严格按照施工工艺卡进行装配焊接，避免产生错位现象。根据焊接工艺卡装配水箱，并检查装配质量，记录错边量和装配间隙值。

3. 定位焊缝焊接完成后清理定位焊缝表面，检查定位焊缝质量，将结果填入表 2-4-4。对不合格的定位焊缝进行修补。

表 2-4-4 焊缝检验表

序号	检验项目	装配质量要求	检验结果
1	装配间隙	1 ~ 2 mm	
2	错边量	≤ 0.5 mm	
3	变形量	<3°	
4	焊缝外观成形	良好	
5	夹渣	不允许	
6	气孔	不允许	
7	焊瘤	不允许	

二、水箱焊接

1. 调节焊接参数，进行水箱对接焊缝、角焊缝的焊接，各组相互记录焊接时主要的焊接参数，见表 2-4-5。

表 2-4-5 焊接参数表

焊接层次		焊丝直径 /mm	焊接电流 /A	电源极性	CO_2 气体流量 /（$L \cdot min^{-1}$）	焊接电压 /V
对接焊缝	1					
角焊缝	1					

2. 各小组清理焊缝表面，互相配合，完成焊缝自检，将自检结果记录在表 2-4-6 和表 2-4-7 中。

表 2-4-6 水箱对接焊缝自检记录表

检查项目	检验方法及工具	检查要求	自检检测值	他检检测值
焊缝宽度差	焊缝检验尺和钢直尺	≤ 2 mm		
焊缝余高	焊缝检验尺和钢直尺	1 ~ 3 mm		
焊缝余高差	焊缝检验尺和钢直尺	≤ 2 mm		
咬边	低倍放大镜、钢直尺	无		
夹渣	低倍放大镜	无		
气孔	低倍放大镜	无		
未焊透	低倍放大镜、钢直尺	无		
裂纹	低倍放大镜	无		
焊缝表面成形	低倍放大镜	波纹细腻、均匀美观		
角变形	钢直尺、水平仪	≤ 3°		

表 2-4-7 角焊缝自检记录表

检查项目	检验方法及工具	检查要求	自检检测值	他检检测值
焊脚尺寸	焊缝检验尺和钢直尺	12 ~ 15 mm		
焊缝宽度差	焊缝检验尺和钢直尺	≤ 2 mm		
焊缝凸度	焊缝检验尺和钢直尺	0 ~ 3 mm		
焊缝凸度差	焊缝检验尺和钢直尺	≤ 2 mm		
咬边	低倍放大镜、钢直尺	无		
夹渣	低倍放大镜	无		
气孔	低倍放大镜	无		
未焊透	低倍放大镜、钢直尺	无		
裂纹	低倍放大镜	无		
焊缝表面成形	低倍放大镜	波纹细腻、均匀美观		
角变形	直角尺	≤ 3°		

拓展阅读

1．定位焊

水箱焊接时定位焊应按照拟定的焊缝布局和组装顺序，在组装过程中先进行定位焊，使安装组对坡口尺寸符合标准要求，整体把握安装的可行性和精度，这样既能按照原则控制变形，又能缩短生产周期。定位焊缝应有足够的强度，定位焊缝的长度和间距参照表 2-4-8。

表 2-4-8 定位焊缝的长度和间距 mm

板厚	定位焊缝长度	定位焊缝间距
2 ~ 6	12 ~ 20	70 ~ 200
>6	20 ~ 50	200 ~ 500

2．刚性固定

刚性固定是焊接过程中采用临时固定措施，加强构件刚度，待焊件完全冷却后，去除固定设施，这样可以比焊件自由状态下的变形量小 40% ~ 70%。应该注意的是刚性固定只能减小变形，不能消除变形，撤销外加拘束后，拘束应力去除，残余应力将重新分布。此方法防止角变形和波浪变形还是较显著的。水箱为大容积薄板钢结构，焊前采用刚性固定可以很大程度上防止变形过量产生安装错口、错边等问题，以减小焊缝的横向收缩变形和角变形。

3．焊接方法的应用

小的热输入是焊接整体过程考虑的根本性问题。CO_2 气体保护焊和焊条电弧焊相比，能量集中，焊接热影响区小，变形和裂纹倾向小，焊接速度快。无论是小的热输入要求还是提高功效的要求，CO_2 气体保护焊都较焊条电弧焊优越。特殊位置和结构复杂的短小焊缝一般采用焊条电弧焊。

横向环焊缝采用多人对称焊，分段退焊，安装过程中的长焊缝同样采用分段退焊工艺。多人对称焊接促使整条纵向焊缝均匀受热，焊缝两侧承载的横向收缩应力均衡产生，在收缩量值相同的情况下，可以避免或减小错边等变形缺陷。分段退焊细化产生变形量的焊缝单元，退焊工艺运条方向和焊缝进展的总体方向相反，纵向收缩量依次抵消，整体上减小变形量。

4．焊缝采用对称焊、分段退焊、跳焊焊接工艺，底板和底板的焊缝同样采用分段退焊工艺。

5．记录水箱焊接过程中出现的质量问题并找出合理的解决方案。

质量问题	解决方法

6．各小组根据6S要求，整理好焊接场地、设备和工具，填写流转单。

子活动3　学习活动评价

根据学习过程对任务实施的全过程进行评价。

学习活动评价表

学习活动名称：任务实施　小组名称：____________　组员姓名：____________

评价项目		评价内容	评价方式			权重	得分小计	总分
			自我评价	小组评价	教师评价			
			10%	40%	50%			
关键能力	社会能力	安全文明操作				10%		
		团队协作能力				10%		
		沟通表达能力				10%		
		问题解决能力				10%		

续表

<table>
<tr><td colspan="2" rowspan="3">评价项目</td><td rowspan="3">评价内容</td><td colspan="3">评价方式</td><td rowspan="3">权重</td><td rowspan="3">得分
小计</td><td rowspan="3">总分</td></tr>
<tr><td>自我评价</td><td>小组评价</td><td>教师评价</td></tr>
<tr><td>10%</td><td>40%</td><td>50%</td></tr>
<tr><td>关键
能力</td><td>方法
能力</td><td>学习能力</td><td></td><td></td><td></td><td>10%</td><td></td><td rowspan="3"></td></tr>
<tr><td colspan="2" rowspan="2">专业能力</td><td>装配质量</td><td></td><td></td><td></td><td>15%</td><td rowspan="2"></td></tr>
<tr><td>焊接质量</td><td></td><td></td><td></td><td>35%</td></tr>
<tr><td colspan="2">指导教师
综合评价</td><td colspan="7">得分总计：

指导教师签名：　　　　日期：</td></tr>
</table>

学习活动 5　质量检验与返修

学习目标

1. 能熟知水箱的验收标准。

2. 能正确使用焊缝测量工具进行水箱焊缝外观质量检测并记录数据。

3. 能明确无损检测的常用方法。

4. 能明确射线探伤的原理、特点、评判标准，看懂射线探伤评级报告。

学习活动描述

在焊接生产过程中，由于各种原因，往往会在焊接接头区域内产生不符合设计要求的焊接缺陷。焊接缺陷的存在，会直接影响焊接产品的使用性能和安全性，轻则导致产品报废，重则发生安全生产事故。因此在整个焊接作业中，对焊接区域要进行质量检验，对一些不合格的焊接产品进行返修。

总学时：6 学时

子活动与建议学时

子活动 1　质量检验　　2 学时

子活动 2　焊接返修　　2 学时

子活动 3　学习活动评价　　2 学时

子活动 1　质 量 检 验

焊接质量检验是发现焊接缺陷、避免发生安全事故的主要措施。根据检验部位，焊接质量检验可分为外观质量检验和内部质量检验。根据是否对接头产生破坏可分为破坏性检验和无损检验。

学习过程

活动简介：对完成焊接的水箱进行焊接检验。

一、焊接缺陷

1．水箱焊接常见的焊接缺陷有________、________、________、________、________、________、________、________等。

2．按照焊接缺陷的位置，焊接缺陷可分为___________和___________两大类。

二、焊接质量检验

1．焊接检验内容包括从图样设计到产品制出整个生产过程中所使用的材料、工具、设备、工艺过程和成品质量的检验，分为三个阶段：________、________、________。

2．根据对产品是否造成损伤，检验方法可分为________和________两类。

3．焊缝的外形尺寸一般包括焊缝的外观成形、焊缝的宽度及余高、焊缝的宽度差、焊缝边缘直线度、焊缝表面凹凸差、角焊缝的焊脚尺寸等，焊接接头的___________主要是发现焊缝表面的缺陷和尺寸上的偏差，一般通过肉眼观察，借助________和_____________等工具进行焊缝外观检验。

4．气密性试验：容器在液压试验后，方可进行气密性试验；试验时压力应缓慢上升，达到规定的试验压力后保压 10 min，然后降至设计压力，对所有焊接接头和连接部位进行泄漏检查。检查期间压力应保持不变，不得采用连续加压来维持试验压力不变。试验过程中严禁带压紧固螺栓。

5．气密性试验后的压力容器，符合下列条件为合格：

（1）试验过程中无异常响声。

（2）无可见变形。

（3）经肥皂液或其他检漏检查无漏气。

（4）如有泄漏，按相应要求采取措施处理后，需重新进行试验。

6．GB 50205—2020《钢结构工程施工质量验收标准》对焊缝的规定如下。

（1）焊缝的检查等级划分为Ⅰ、Ⅱ、Ⅲ、Ⅳ、Ⅴ五个等级，参见表 1–5–1。

（2）焊缝外观质量（余高和根部凸出）要求见表 2–5–1。检查数量：全部检查。检测方法：观察检查和用直尺、检验尺测量。

表 2–5–1　　焊缝外观质量要求　　mm

母材厚度 T		≤ 6	6 ~ 13	13 ~ 25	25 ~ 50	50
检查等级	Ⅰ	≤ 1.5	≤ 1.5	≤ 3.0	≤ 3.0	≤ 4.0
	Ⅱ、Ⅲ、Ⅳ	≤ 1.5	≤ 3.0	≤ 4.0	≤ 5.0	—
	Ⅴ	≤ 2.0	≤ 4.0	≤ 5.0	≤ 5.0	—

（3）焊缝外观检查

1）检查前应将熔渣、飞溅等清理干净。

2）焊缝的表面及热影响区，不得有裂纹、气孔、夹渣、弧坑或未焊满等缺陷。

3）磁粉检测和渗透检测应按承压设备无损检测 NB/T 47013.4—2015、NB/T 47013.5—2015 的有关规定执行。

4）焊缝射线检测和超声检测

①除设计文件另有规定外，现场焊缝应进行射线检测或超声检测。

②焊缝的射线检测和超声检测应按承压设备无损检测标准 NB/T 47013.2—2015、NB/T 47013.3—2015 的有关规定。

③射线检测和超声检测的技术等级应符合设计文件和国家现行有关标准的规定，且射线检测不得低于 AB 级，超声检测不得低于 B 级。

④焊缝缺陷中，不允许的缺陷有________、________、________、________、________、________。角焊缝检查项目有________和________两项。

7．射线探伤

（1）探伤原理

射线探伤是通过 X 射线或 γ 射线在穿透被检物各部分时强度衰减的不同，检测被检物中缺陷的一种无损检测方法，如图 2-5-1 所示。射线探伤有射线照相法、射线荧光屏观察法、射线电离法、射线实时成像检验等方法。工业上常用的是射线照相法。

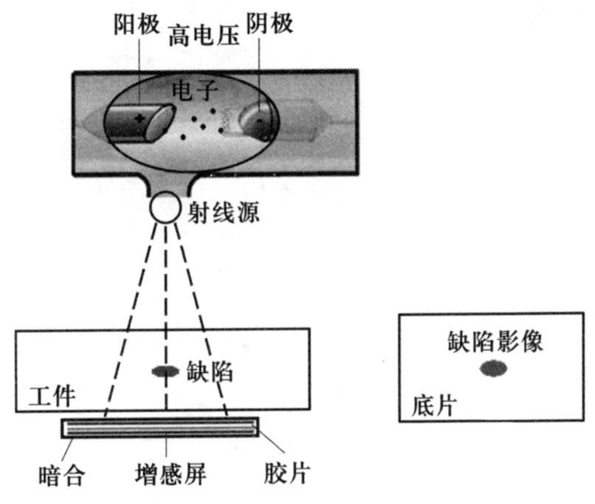

图 2-5-1　射线探伤原理

射线探伤能较直观地显示工件内部缺陷的大小和形状，易于判定缺陷的性质，而且射线底片可作为检验的原始记录供多方研究并作长期保存。射线检验主要用于检验焊缝内部的裂纹、未焊透、气孔、夹渣等缺陷。但是，射线对人体有害，需要采取适当的防护措施。

射线探伤工作流程：选择射线—划线编号—贴片—照射—洗片—评片—整理存档。

（2）探伤场地、设备

射线探伤场地需要有专门的防护，也可在专用的铅房内进行。X 射线探伤仪由发生器、控制器和连接电缆组成，如图 2-5-2 所示。

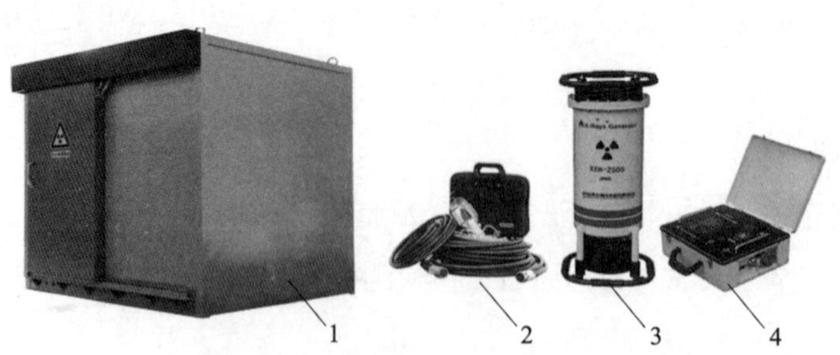

图 2-5-2　X 射线探伤仪的组成

1—铅房　2—连接电缆　3—X 射线发生器　4—控制器

（3）质量等级评定

经射线照射后，在胶片上有一条淡色影像即焊缝，在焊缝部位中显示的深色条纹或斑点就是焊接缺陷，其尺寸、形状与焊缝内部实际存在的缺陷相当，其形状、特点见表 2-5-2。

表 2-5-2　　焊接缺陷影像特征

未焊透	裂纹	气孔	夹渣
一条断续或连续的黑色直线	略带曲折的黑色细条纹，有时也呈现直线细纹；轮廓较为分明，两端较为尖细，中部稍宽	多呈圆形或椭圆形黑点，其黑度一般是中心处较大而均匀地向边缘减小；黑点分布不一致，有密集的，也有单个的	呈不同形状的点状或条状。点状夹渣一般为单独黑点；条状夹渣呈宽而短的粗线条状

根据表 2-5-3 中胶片上的影像写出焊接缺陷名称。

表 2-5-3　　焊接缺陷及其影像

胶片上的影像	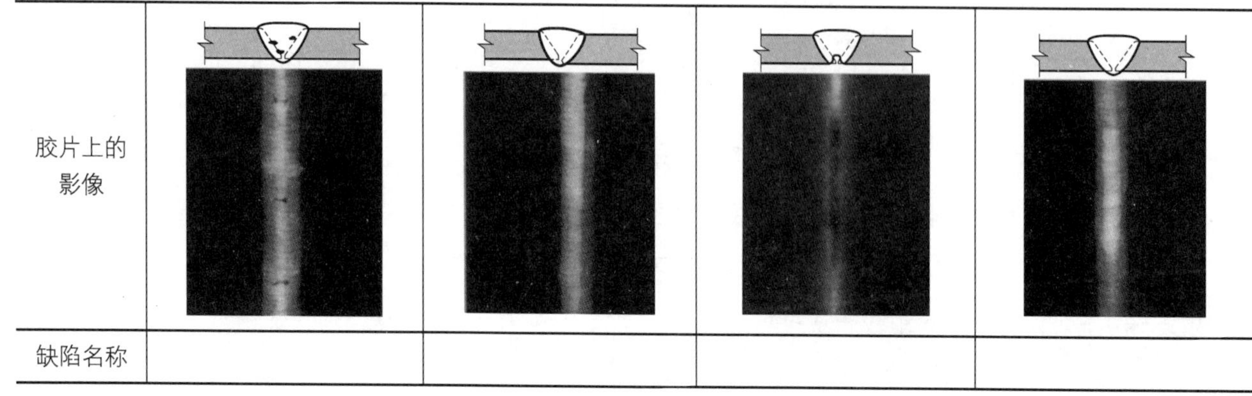			
缺陷名称				

续表

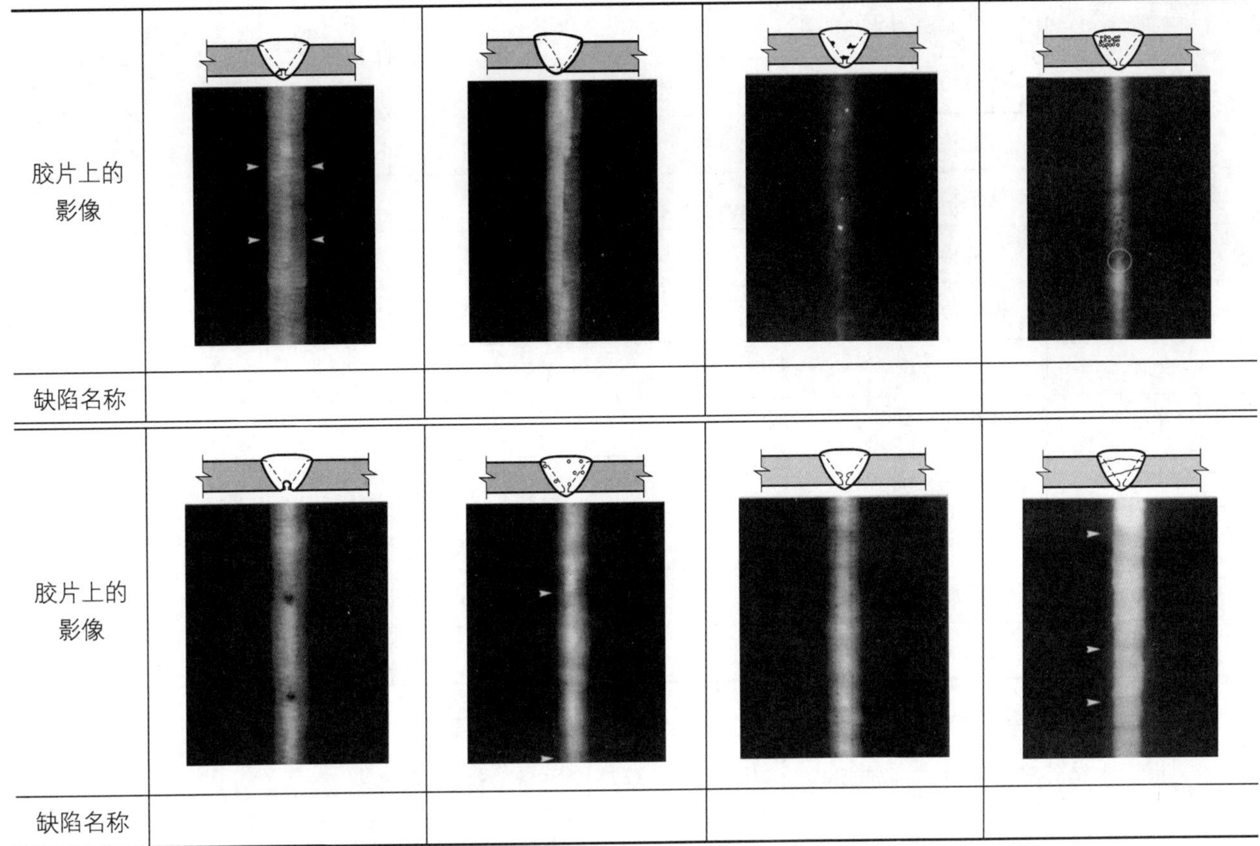

胶片上的影像				
缺陷名称				
胶片上的影像				
缺陷名称				

8．班级组建质量检查组查阅标准，并对水箱的焊缝进行相应项目检测并记录检测数据。

（1）检查组成员：________________________________。

（2）检查结果填入表 2-5-4、表 2-5-5。

表 2-5-4　　板对接焊缝检查记录表

检查项目	检验方法及工具	检查要求	检测值	处置措施
焊缝宽度差	焊缝检验尺和钢直尺	≤ 2 mm		
焊缝余高	焊缝检验尺和钢直尺	1 ~ 3 mm		
焊缝余高差	焊缝检验尺和钢直尺	≤ 2 mm		
咬边	低倍放大镜、钢直尺	无		
夹渣	低倍放大镜	无		
气孔	低倍放大镜	无		
未焊透	低倍放大镜、钢直尺	无		
裂纹	低倍放大镜	无		
焊缝表面成形	低倍放大镜	波纹细腻、均匀美观		
角变形	钢直尺、水平仪	≤ 3°		

表 2-5-5　　管道相贯线焊缝检查记录表

检查项目	检验方法及工具	检查要求	检测值	处置措施
焊脚尺寸	焊缝检验尺和钢直尺	12 ~ 15 mm		
焊缝宽度差	焊缝检验尺和钢直尺	≤ 2 mm		
焊缝凸度	焊缝检验尺和钢直尺	0 ~ 3 mm		
焊缝凸度差	焊缝检验尺和钢直尺	≤ 2 mm		
咬边	低倍放大镜、钢直尺	无		
夹渣	低倍放大镜	无		
气孔	低倍放大镜	无		
未焊透	低倍放大镜、钢直尺	无		
裂纹	低倍放大镜	无		
焊缝表面成形	低倍放大镜	波纹细腻、均匀美观		
角变形	直角尺	≤ 3°		

水箱内部质量由专门的检测公司进行检测，并给出检测结果。内部质量检验结果为：________级。

9．根据水箱外观检验和内部质量检验结果，该水箱焊接质量最终结果为：________级。

子活动 2　焊 接 返 修

焊接缺陷的存在不仅影响外观，也影响产品使用，留下安全隐患。因此必须将不符合要求的焊接缺陷进行清除、焊补，使之达到质量要求。

学习过程

在焊接生产过程中，由于焊工操作技能、焊接参数、焊接材料的选用等方面因素的影响，往往会在焊接接头区域内产生不符合设计要求的焊接缺陷。焊接缺陷的存在会直接影响焊接产品的使用性能和安全性，轻则导致产品报废，重则发生安全生产事故。因此对于焊接检验过程中发现的缺陷应根据不同情形区别处理，包括对一些不合格的焊接产品进行返修。

焊接缺陷返修有接受任务、返修准备、返修和检验等工作环节。

一、返修通知单

水箱焊接完成之后，由检验人员进行无损检测，如发现超出标准要求的缺陷后，由检验人员填写返修通知单，通知焊接人员进行焊缝返修，下面是假定水箱具有超标的焊接缺陷，由检验人员下发的返修通知单。

<table>
<tr><td colspan="5">焊缝返修通知单</td><td colspan="3" rowspan="2">编号：FX118
返修次数：0
签发人：探伤室 ××× </td></tr>
<tr><td>产品名称</td><td colspan="2">×× 水箱</td><td>产品编号</td><td>007</td></tr>
<tr><td>焊材牌号</td><td colspan="2">施焊单位</td><td>厚度</td><td>焊工代号</td><td colspan="2">无损检测方法</td><td>焊接方法</td></tr>
<tr><td>H0Cr20Ni10Ti</td><td colspan="2">×× 工程处</td><td>6 mm</td><td>HG008</td><td colspan="2">RT</td><td>GTAW</td></tr>
<tr><td rowspan="3">缺陷
部位</td><td>底片编号</td><td>缺陷长度</td><td>缺陷性质</td><td>缺陷位置</td><td>评定级别</td><td>检测日期</td><td>返修次数</td></tr>
<tr><td>TS-216</td><td>5 mm</td><td>条型缺陷</td><td>2 段 5 号</td><td>Ⅳ级</td><td>月　日</td><td>0</td></tr>
<tr><td></td><td></td><td></td><td></td><td></td><td></td><td></td></tr>
<tr><td>缺陷核实情况
返修意见</td><td colspan="3">经核实存在缺陷，用砂轮机打磨，至缺陷清除，按制定的返修工艺进行返修。
核实者（签字）：________
日　　期：____年__月__日</td><td>焊接负责人审批</td><td colspan="3">同意返修
审批（签字）：________
日　　期：____年__月__日</td></tr>
</table>

<table>
<tr><td rowspan="11">返修工艺</td><td rowspan="2">焊层</td><td rowspan="2">焊接方法</td><td colspan="2">焊接材料</td><td rowspan="2">焊接电流 /A</td><td rowspan="2">焊接电压 /V</td><td rowspan="2">焊接速度 /（mm · min^{-1}）</td><td rowspan="11">返修自检结果：
返修焊工姓名：
返修焊工代号：
返修日期：
自检签字：</td></tr>
<tr><td>牌号</td><td>规格 /mm</td></tr>
<tr><td></td><td></td><td></td><td></td><td></td><td></td><td></td></tr>
<tr><td></td><td></td><td></td><td></td><td></td><td></td><td></td></tr>
<tr><td></td><td></td><td></td><td></td><td></td><td></td><td></td></tr>
<tr><td></td><td></td><td></td><td></td><td></td><td></td><td></td></tr>
<tr><td></td><td></td><td></td><td></td><td></td><td></td><td></td></tr>
<tr><td></td><td></td><td></td><td></td><td></td><td></td><td></td></tr>
<tr><td></td><td></td><td></td><td></td><td></td><td></td><td></td></tr>
<tr><td></td><td></td><td></td><td></td><td></td><td></td><td></td></tr>
<tr><td></td><td></td><td></td><td></td><td></td><td></td><td></td></tr>
<tr><td rowspan="7">施焊记录</td><td></td><td></td><td></td><td></td><td></td><td></td><td></td><td rowspan="7">专检结果：
专检人员签字：
日期：</td></tr>
<tr><td></td><td></td><td></td><td></td><td></td><td></td><td></td></tr>
<tr><td></td><td></td><td></td><td></td><td></td><td></td><td></td></tr>
<tr><td></td><td></td><td></td><td></td><td></td><td></td><td></td></tr>
<tr><td></td><td></td><td></td><td></td><td></td><td></td><td></td></tr>
<tr><td></td><td></td><td></td><td></td><td></td><td></td><td></td></tr>
<tr><td></td><td></td><td></td><td></td><td></td><td></td><td></td></tr>
<tr><td colspan="9">返修流转程序：
一次、二次返修：探伤室—检验员—生产车间—焊接工艺员—焊接负责人—焊接工艺员—生产车间—检验员—归档；
三次返修：探伤室—检验员—焊接工艺员—焊接负责人—质量工程师—焊接负责人—焊接工艺—生产车间—检验员—探伤—归档。</td></tr>
</table>

阅读焊缝返修通知单，以小组为单位讨论其内容，提炼、总结以下主要信息。

1．签发焊缝返修通知单的部门是__________________。

2．收到焊缝返修通知单后，缺陷核实的工作由谁完成？________。

3．缺陷核实由谁审批完成后，才能进行返修？________。

4．审批通过后，制订返修工艺的工作由谁完成？________。

5．返修工艺制定完成后，由谁负责完成焊缝返修工作？________。

6．返修工作完成后，自检、专检合格后，交哪个部门进行无损检测？________。

7．一次返修合格后，返修通知单交回________。

8．一次返修不合格，需要进行________________。

9．进行第三次返修时，需经过________________批准。

10．通过返修通知单提供的信息，可能的焊缝缺陷为________，查询相关资料，分析可能产生缺陷的原因。

二、制定返修工艺

1．根据返修通知单提供的缺陷信息，以及上述缺陷可能产生的原因，假如你是焊接工艺人员，以小组为单位进行讨论，完成返修通知单上的返修工艺。

2．分析缺陷产生的原因，并阐述可采取哪些焊接工艺措施，以避免该类缺陷的产生。

3．假如你是负责返修工作的焊工，写出返修前你需要做的准备事项。

三、焊缝返修

1．清除缺陷，根据返修通知单上的缺陷部位，可以采用________、________及________等工具清除。缺陷清除后，必须将坡口内的铁屑、熔渣及灰尘清除。

2．根据制定好的返修工艺，进行焊缝返修，由小组检验人员填写返修通知单上的施焊记录。

四、焊接检验

1．各小组返修完成后，由小组检验人员填写表 2-5-6。

表 2-5-6　　对接焊缝自检记录表

检查项目	检验方法及工具	检查要求	检测值
焊缝宽度差	焊缝检验尺和钢直尺	≤ 2 mm	
焊缝余高	焊缝检验尺和钢直尺	1 ~ 3 mm	
焊缝余高差	焊缝检验尺和钢直尺	≤ 2 mm	
咬边	低倍放大镜、钢直尺	无	
夹渣	低倍放大镜	无	
气孔	低倍放大镜	无	
未焊透	低倍放大镜、钢直尺	无	
裂纹	低倍放大镜	无	
焊缝表面成形	低倍放大镜	波纹细腻、均匀美观	
角变形	钢直尺	≤ 3°	

2．记录缺陷返修焊接过程中出现的质量问题并找出合理的解决方案。

质量问题	解决方案

3．根据返修工作流程，填写流转单，将工件交下一流程。

子活动 3　学习活动评价

根据学习过程对焊接质量检验与返修活动的全过程进行评价。

学习活动评价表

子活动名称：质量检验与返修　　组名：________　　学生姓名：________

<table>
<tr><td colspan="2" rowspan="3">评价项目</td><td rowspan="3">评价内容</td><td colspan="3">评价方式</td><td rowspan="3">权重</td><td rowspan="3">得分小计</td><td rowspan="3">总分</td></tr>
<tr><td>自我评价</td><td>小组评价</td><td>教师评价</td></tr>
<tr><td>10%</td><td>40%</td><td>50%</td></tr>
<tr><td rowspan="5">关键能力</td><td rowspan="3">社会能力</td><td>团队协作能力</td><td></td><td></td><td></td><td>10%</td><td rowspan="3"></td><td rowspan="7"></td></tr>
<tr><td>沟通表达能力</td><td></td><td></td><td></td><td>10%</td></tr>
<tr><td>问题解决能力</td><td></td><td></td><td></td><td>10%</td></tr>
<tr><td rowspan="2">方法能力</td><td>信息处理能力</td><td></td><td></td><td></td><td>10%</td><td rowspan="2"></td></tr>
<tr><td>学习能力</td><td></td><td></td><td></td><td>10%</td></tr>
<tr><td colspan="2" rowspan="2">专业能力</td><td>质量检验能力</td><td></td><td></td><td></td><td>25%</td><td></td></tr>
<tr><td>缺陷返修能力</td><td></td><td></td><td></td><td>25%</td><td></td></tr>
<tr><td colspan="2">指导教师综合评价</td><td colspan="7">得分总计：

指导教师签名：　　　　日期：</td></tr>
</table>

学习活动6　总结与评价

学习目标

1. 通过对整个工作过程的叙述，培养良好的表达沟通能力。

2. 通过成果展示，培养良好的专业能力、社会能力和方法能力。

3. 能听取别人的建议并加以改进。

学习活动描述

对整个工作进行总结并将自己的工作成果进行展示。

总学时：4学时

子活动与建议学时

子活动1　工作任务总结　　2学时

子活动2　学习任务评价　　2学时

子活动1　工作任务总结

学习过程

一、小组成员做PPT课件，汇报本组工作收获及创新工作情况。将汇报内容书写在下列空白处，并将PPT进行展示和说明。

二、结合各个小组汇报展示情况，总结反思本组工作过程，填写表 2–6–1。

表 2–6–1　　总结反思

内容名称	做得好的方面	存在问题及分析	解决方法	备注
明确工作任务				
技能准备				
制订计划				
任务实施				
检验返修				
学生 / 小组心得体会				

三、每名同学写一份工作总结，字数不少于 200 字。

子活动 2　学习任务评价

水箱焊接任务包含明确任务、技能准备、制订计划、任务实施、焊接质量检验与返修等学习活动。做好学习任务评价可以让我们更加清楚地认识自己。

学习过程

一、完成学习任务评价表。

学习任务评价表

学习任务名称：总结与评价　小组名称：＿＿＿＿＿＿　组员姓名：＿＿＿＿＿＿

评价项目		评价内容	明确任务		技能准备		制订计划		任务实施		检验与返修		权重	总分
			20%		20%		20%		30%		10%			
			小分	总分	小分	总分	小分	总分	小分	总分	小分	总分		
关键能力	社会能力	安全文明操作											10%	
		团队协作能力											10%	
		沟通表达能力											10%	
	方法能力	信息处理能力											10%	
		学习能力											10%	
专业能力		读图能力											10%	
		焊接基础技能											15%	
		水箱焊接质量											15%	
		检验与返修能力											10%	
指导教师综合评价		得分总计： 指导教师签名：　　　　日期：												

二、根据学习任务评价结果，写一篇学习专业能力和关键能力提高计划，字数不少于200字。